La realidad no es lo que parece

Booket Ciencia

Carlo Rovelli

La realidad no es lo que parece

La estructura elemental de las cosas

Traducción de Juan Manuel Salmerón Arjona

TUSQUETS
EDITORES

Obra editada en colaboración con Editorial Planeta – España

Título original: *La realtà non è come ci appare. La struttura elementale delle cose*

© 2014, Raffaello Cortina Editore

© de la traducción: Juan Manuel Salmerón Arjona, 2015
Diseño de la colección: Lluís Clotet y Ramón Úbeda
Diseño de la portada: Estudio Úbeda
Fotocomposición: David Pablo

© 2015, Tusquets Editores, S.A. – Barcelona, España

Derechos reservados

© 2025, Ediciones Culturales Paidós, S.A. de C.V.
Bajo el sello editorial PAIDÓS M.R.
Avenida Presidente Masarik núm. 111,
Piso 2, Polanco V Sección, Miguel Hidalgo
C.P. 11560, Ciudad de México
www.planetadelibros.com.mx
www.paidos.com.mx

Primera edición impresa en España: noviembre de 2015
ISBN: 978-84-9066-190-1

Primera edición impresa en México en Booket: agosto de 2025
ISBN: 978-607-639-035-1

Impreso en los talleres de Operadora Quitresa, S.A. de C.V.
Calle Goma No. 167, Colonia Granjas México,
C.P. 08400, Iztacalco, Ciudad de México.
Impreso en México – *Printed in Mexico*

Biografía

Carlo Rovelli (Verona, 1956) es físico teórico. Miembro del Instituto Universitario de Francia y de la Academia Internacional de Filosofía de la Ciencia y profesor honorario de la Universidad de Pekín, fue uno de los creadores de la teoría de la «gravedad cuántica de bucles». Dirige el equipo de investigación sobre gravedad cuántica de la Universidad de Aix-Marsella y sus trabajos se centran en las consecuencias filosóficas de la investigación científica. Además de dos monografías sobre la gravedad cuántica de bucles, también ha publicado en las revistas más importantes de su ámbito y es autor de diversos libros de divulgación.

Índice

Apéndices

Prólogo
Caminando por la playa

Estamos obsesionados con nosotros mismos. Estudiamos *nuestra* historia, *nuestra* psicología, *nuestra* filosofía, *nuestra* literatura, *nuestros* dioses. Gran parte de nuestro saber gira en torno a nosotros mismos, como si el hombre fuera lo más importante del universo. A mí la física me gusta porque abre la ventana y mira lejos. Tengo la sensación de que deja pasar aire fresco.

Lo que vemos por la ventana nos maravilla una y otra vez. Hemos aprendido muchísimo sobre el universo. En el curso de los siglos hemos reconocido muchos de nuestros errores. Creíamos que la Tierra era plana y que estaba fija en el centro del mundo. Creíamos que el universo era pequeño y no cambiaba. Creíamos que los hombres eran una especie aparte, sin parentesco con los demás animales. Hemos descubierto que existen quarks, agujeros negros, partículas de luz, ondas espaciales y extraordinarias arquitecturas moleculares en las células de nuestro cuerpo. La humanidad es como un niño que crece y descubre con estupor que el mundo no se reduce al cuarto donde duerme y al espacio donde juega, sino que es vasto y está lleno de cosas e ideas que desconocía y puede conocer. El universo es multiforme e ilimitado y no paramos de descubrir nuevos aspectos de él. Cuanto más aprendemos del mundo, más nos admira su variedad, belleza y simplicidad.

Pero cuantas más cosas descubrimos, más cuenta nos damos también de que lo que no sabemos es más grande que lo que hemos descubierto. Cuanto más potentes son nuestros telescopios, más cielos extraños e inesperados vemos. Cuanto más miramos los detalles diminutos de la materia, más estructuras profundas observamos. Hoy vemos casi hasta el *big bang*, la gran explosión que hace catorce mil millones de años dio origen a todas las galaxias del cielo, pero ya comenzamos a entrever que hay algo más allá del *big bang*. Hemos descubierto que el espacio se curva y ya empezamos a sospechar que ese mismo espacio está compuesto de granos cuánticos que vibran.

Nuestro conocimiento de la gramática elemental del mundo no cesa de aumentar. Si reunimos todo lo que hemos aprendido del mundo físico en el curso del siglo xx, vemos que apunta a algo que nada tiene que ver con las ideas que nos enseñaron en el colegio sobre la materia y la energía, sobre el espacio y el tiempo. Vemos una estructura elemental del mundo en la que no existe el tiempo ni el espacio, y que consiste en un pulular de fenómenos cuánticos. El espacio, el tiempo, la materia y la luz los crean una serie de campos cuánticos que se intercambian información. La realidad es una red de fenómenos granulares; la dinámica que los une es probabilística. Entre un fenómeno y otro, el espacio, el tiempo, la materia y la energía se disuelven en una nube de probabilidades.

Este es el mundo nuevo y extraño que surge lentamente del que es hoy el campo de estudio fundamental de la física: la *gravedad cuántica,* que trata de conciliar lo que los dos grandes descubrimientos de la física del siglo xx, a saber, la relatividad general y la teoría de cuantos, nos han revelado del mundo. A la *gravedad cuántica,* y al extraño mundo que la gravedad cuántica nos descubre, está dedicado este libro.

El libro habla de esta investigación, que está en curso: lo que estamos aprendiendo, lo que sabemos y lo que parece que empezamos a entender de la naturaleza elemental de las cosas. Empieza por el origen, lejano, de algunas ideas clave que hoy nos permiten poner orden en nuestro pensamiento del mundo. Explica los dos grandes descubrimientos del siglo xx, la teoría de la relatividad general de Einstein y la mecánica cuántica, considerados desde el punto de vista de la física. Describe la imagen del mundo que se desprende del estudio de la gravedad cuántica y de las últimas indicaciones que nos da la naturaleza, como son que el satélite Planck (2013) confirme una y otra vez el modelo estándar cosmológico y que no se hayan observado las partículas supersimétricas que muchos en la Organización Europea para la Investigación Nuclear, conocida por las siglas CERN (2013), esperaban observar. Por último, el libro trata de las consecuencias de estas ideas: la estructura granular del espacio, la desaparición del tiempo a escala pequeñísima, la física del *big bang*, el origen del calor de los agujeros negros y lo que entrevemos del papel que la información desempeña en la física.

En el célebre mito que Platón cuenta en el libro vii de *La república,* los hombres, encadenados en el fondo de una caverna oscura, sólo ven las sombras que un fuego que arde a sus espaldas proyecta en la pared, frente a ellos. Piensan que esa es la realidad. Uno de ellos se libera, sale al exterior y descubre la luz del sol y el vasto mundo. Al principio la luz lo ciega, lo confunde: sus ojos no están acostumbrados. Pero al final ve y vuelve a la cueva a decirles a sus compañeros lo que ha visto. A estos les cuesta creerlo. Nosotros estamos también en el fondo de una caverna, encadenados a nuestra ignorancia, a nuestros prejuicios, y nuestros débiles sentidos nos muestran sombras. Querer ver más lejos muchas veces nos confunde: no estamos acostumbrados. Pero lo intentamos. La ciencia es eso. El pensamiento científico explora el mundo y lo dibuja una y otra vez, ofreciéndonos imágenes cada vez más completas: nos enseña a pensarlo de manera más eficaz. La ciencia es una exploración continua de formas de pensamiento. Su fuerza es la capacidad visionaria de superar ideas preconcebidas, desvelar nuevos territorios de lo real y construir imágenes del mundo más precisas. Esta aventura se basa en todo el conocimiento acumulado, pero su alma es el cambio. Mirar más lejos. El mundo es ilimitado e iridiscente; queremos verlo. Estamos inmersos en su misterio y su belleza, y al otro lado de la colina hay territorios que siguen sin explorar. La incertidumbre en la que nos hallamos sumidos, la inseguridad que nos causa estar suspendidos sobre el abismo inmenso de lo que no conocemos, no hacen que la vida sea absurda: hacen que sea preciosa.

He escrito este libro para contar lo que para mí es esta maravillosa aventura. Lo he escrito pensando en un lector que no sepa nada de física, pero tenga curiosidad por saber lo que hoy conocemos y no conocemos de la trama elemental del mundo, y dónde estamos buscando. Y con la idea de comunicar la belleza pasmosa de la realidad que se ve desde esta perspectiva.

También lo he escrito pensando en los colegas, compañeros de viaje repartidos por todo el mundo, y en los jóvenes a quienes la ciencia apasiona y que quieren seguir este camino. He intentado ofrecer un panorama general de la estructura del mundo físico visto a la doble luz de la relatividad y de los cuantos, y que a mí me parece coherente. No es un libro exclusivamente divulgativo; es también un libro en el que doy un enfoque unitario a un campo de estudio donde la abstracción técnica del lenguaje amenaza a veces con empañar la visión de conjunto. La ciencia está hecha de experimentos, hipótesis, ecuaciones, cálculos y largos debates, pero estos son sólo instrumentos, como los instrumentos de los músicos. Al final, lo que importa en la música es la música misma, y lo que cuenta en la ciencia es la comprensión del mundo que la ciencia pueda ofrecer. Para entender lo que significa el descubrimiento de que la Tierra gira alrededor del Sol no hace falta adentrarse en los complicados cálculos de Copérnico; para entender la importancia del descubrimiento de que todos los seres vivos del planeta tenemos los mismos antepasados no es necesario seguir las complejas argumentaciones del libro de

Darwin. La ciencia nos hace leer el mundo desde un punto de vista cada vez más amplio.

En este libro explico el estado actual de la investigación de esta nueva imagen del mundo según yo la entiendo, procurando exponer los puntos esenciales y sus nexos lógicos. Lo explico como se lo explicaría a un colega y amigo que me preguntara: «¿Tú qué piensas?», caminando por la playa una larga noche de verano.

Primera parte
Raíces

Este libro empieza en Mileto, hace veintiséis siglos. ¿Por qué comenzar un libro sobre la gravedad cuántica hablando de hechos, personas e ideas tan antiguos? No se me enfade el lector impaciente que esté deseando llegar a los cuantos de espacio. Es más fácil entender las ideas partiendo de las raíces de las que han nacido, y una parte importante de las ideas que luego han resultado eficaces para entender el mundo se remontan a hace más de veinte siglos. Si repasamos brevemente cómo nacieron las entenderemos mejor y los pasos sucesivos resultarán más sencillos y naturales.

Pero hay más. Algunas de las cuestiones que se plantearon entonces siguen siendo fundamentales para entender el mundo. Algunas de las ideas más recientes sobre la estructura del espacio retoman conceptos e ideas que se concibieron entonces. Al hablar de las ideas de entonces, enseguida pongo sobre la mesa determinadas cuestiones cruciales para entender en qué se basa la gravedad cuántica. Esto nos permitirá distinguir, cuando empiece a hablar de la gravedad cuántica, qué ideas se remontan al origen del pensamiento científico, aunque muchas veces no nos sean familiares, y cuáles son, por el contrario, radicalmente nuevas. El vínculo entre los problemas que se plantearon algunos hombres de ciencia antiguos y las soluciones aportadas por Einstein y por la gravedad cuántica es, como veremos, muy estrecho.

1
Granos

Según cuenta la tradición, en el año 450 antes de nuestra era un hombre viajó en barco de Mileto a Abdera (figura 1.1). Fue un viaje fundamental en la historia del conocimiento.

Seguramente el hombre huía de los cambios políticos que estaban produciéndose en Mileto, donde la aristocracia intentaba tomar el poder por la fuerza. Mileto había sido una polis griega rica y floreciente, quizá la principal ciudad del mundo griego antes del siglo de oro de Atenas y Esparta. Había sido un centro comercial muy activo y dominaba una red de casi un centenar de colonias y puertos comerciales que se extendían del Mar Negro a Egipto. A la ciudad llegaban caravanas de Mesopotamia y barcos de medio Mediterráneo, y en ella circulaban las ideas.

En el siglo anterior se había producido en Mileto una revolución del pensamiento que fue fundamental para la humanidad. Un grupo de pensadores se había replanteado el modo de hacer preguntas sobre el mundo y de buscar respuestas. El más grande de ellos había sido Anaximandro.

Los hombres se han preguntado siempre, o al menos desde que existen textos escritos, cómo se creó el mundo, de qué estaba hecho, cómo se ordenaba, por qué ocurrían los fenómenos naturales. Durante miles de años se habían dado respuestas similares y que tenían que ver con complicadas historias de espíritus, dioses, animales imaginarios y mitológicos, y cosas por el estilo. Desde las tablillas de caracteres cuneiformes a los antiguos textos chinos,

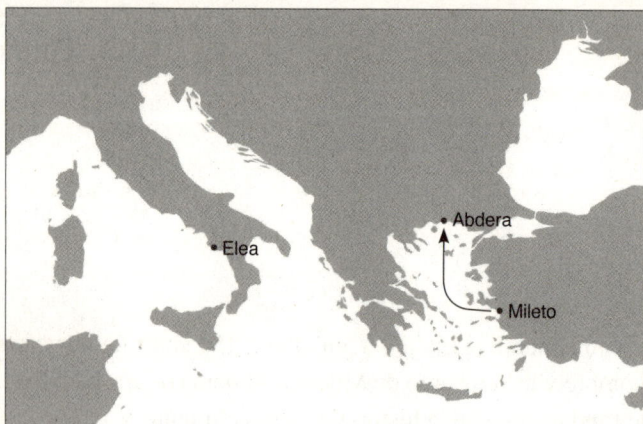

Figura 1.1 El viaje de Leucipo de Mileto, fundador de la escuela atomista (hacia 450 a.C.).

desde los jeroglíficos de las pirámides a los mitos sioux, desde los más antiguos textos hindúes a la Biblia, desde las historias africanas a las de los aborígenes australianos, todo es una colorida pero, en el fondo, tediosa sucesión de Serpientes Plumadas y Grandes Vacas, dioses iracundos, belicosos o amables que crean el mundo soplando sobre abismos, diciendo *Fiat lux* o saliendo de huevos de piedra.

Pero, de pronto, en Mileto, a principios del siglo VI antes de nuestra era, Tales, su discípulo Anaximandro, Hecateo y su escuela descubren otro modo de buscar respuestas. Es un modo que no recurre a mitos, espíritus ni dioses, sino que busca respuestas en la naturaleza misma de las cosas. Esta inmensa revolución del pensamiento inaugura una nueva forma de conocer y constituye la primera aurora del pensamiento científico.

Los milesios comprenden que, mediante la observación, la razón y sobre todo el pensamiento crítico, evitando buscar en la fantasía, los mitos antiguos y la religión las respuestas a lo que no conocemos, podemos corregir una y otra vez nuestro punto de vista sobre el mundo, descubrir aspectos de la realidad que a simple vista pasan inadvertidos y aprender cosas nuevas.

El descubrimiento quizá decisivo es el de un estilo de pensamiento nuevo, según el cual el alumno ya no está obligado a respetar y compartir las ideas del maestro, sino que puede rechazar o criticar las que considera mejorables. Esta tercera vía, a caballo entre la adhesión a una escuela y la oposición a ella, es la que conduce al inmenso desarrollo del pensamiento filosófico que sigue: desde ese momento, el conocimiento empieza a crecer vertiginosamente, alimentándose del pasado pero también de la posibilidad de criticar, y por tanto mejorar, ese mismo saber. El íncipit fulminante del libro de historia de Hecateo da la clave del pensamiento crítico: «Escribo cosas que yo creo verdaderas, pues los relatos de los griegos me parecen llenos de contradicciones y ridiculeces».

Y cuenta la leyenda según la cual Hércules baja al Hades desde el cabo Ténaro. Hecateo visita el cabo, ve que no hay ningún camino subterráneo ni ninguna entrada al Hades y juzga que la leyenda es falsa. Es el alba de una nueva era.

La eficacia de este nuevo planteamiento cognoscitivo es inmediata e impresionante. En pocos años, Anaximandro comprende que la Tierra flota en el cielo y que este se extiende también por debajo de la Tierra; que el agua de la lluvia procede de la evaporación del agua terrestre; que la variedad de las sustancias del mundo debe poder reducirse a un único y sencillo elemento, al que llama ἀπείρων *(ápeiron)*, lo indistinto; que los animales y las plantas evolucionan y se adaptan a los cambios ambientales; que el hombre debe de haber evolucionado a partir de otros animales, etcétera, con lo que sienta las bases de una forma de entender el mundo que sigue siendo la nuestra.

Situada en la confluencia de la naciente civilización griega y los antiguos imperios de Egipto y Mesopotamia, alimentada por el saber de estos pero inmersa en el ambiente de libertad y fluidez política típicamente griego, en un espacio social en el que no hay palacios imperiales ni poderosas castas sacerdotales y los ciudadanos debaten su destino en la calle, Mileto es el lugar donde por primera vez los hombres discuten colectivamente sus leyes, se reúne el primer parlamento de la historia —el Panjonio, santuario en el que se congregaban los delegados de la Liga Jónica— y se pone en duda la idea de que sólo los dioses pueden explicar los hechos incomprensibles del mundo. Debatiendo pueden tomarse las mejores decisiones para la comunidad; debatiendo puede llegar a entenderse el mundo. Esta es la inmensa herencia de Mileto, cuna de la filosofía, de las ciencias naturales, de los estudios geográficos e históricos. No es exagerado afirmar que toda la tradición científica y filosófica mediterránea, occidental y moderna tiene una raíz fundamental en la especulación de los pensadores de Mileto del siglo vi a.C.[1]

Esta Mileto luminosa tuvo luego un final horrible. Con la llegada del Imperio persa y a consecuencia de una rebelión fallida contra el imperio, la ciudad fue destruida en el 494 a.C. y muchos de sus habitantes fueron reducidos a la esclavitud. En Atenas, el poeta Frínico compuso una tragedia titulada *La toma de Mileto* que conmovió profundamente a los atenienses, al punto de que prohibieron que volviera a representarse por el mucho dolor que causaba. Sin embargo, veinte años después, los griegos conjuraron la amenaza persa, Mileto renació, se repobló y volvió a ser un foco de comercio e ideas, y siguió irradiando su pensamiento y su espíritu.

Este espíritu debió de animar al personaje al que mencionábamos al principio del capítulo, y que, según la tradición, en el año 450 a.C. se embarcó en Mileto rumbo a Abdera. Se llamaba Leucipo. De su vida sabemos poco.[2] Escribió un libro titulado *La gran cosmología*. En Abdera fundó una escuela científica y filosófica a la que pronto se unió un joven discípulo cuya larga sombra había de proyectarse sobre el pensamiento de todos los tiempos: Demócrito (figura 1.2).

Figura 1.2 Demócrito de Abdera.

El pensamiento de uno y otro se confunde. Sus textos originales se han perdido. Leucipo fue el maestro. Demócrito fue el gran alumno: escribió numerosos textos sobre todos los campos del saber y fue profundamente respetado en la Antigüedad por quienes conocieron esos textos. Se lo consideró uno de los más grandes sabios. «El más perspicaz de todos los antiguos», lo llama Séneca.[3] «¿A quién podemos comparar con él, no sólo por la grandeza de su ingenio, sino también de su ánimo?», se pregunta Cicerón.[4] Él erigió la vasta catedral del atomismo antiguo.

¿Qué descubrieron, pues, Leucipo y Demócrito? Los milesios comprendieron que el mundo podía entenderse con la razón. Estaban convencidos de que la variedad de los fenómenos naturales podía reducirse a algo simple y trataron de averiguar qué era ese algo. Concibieron una especie de sustancia elemental de la que todo podía hacerse. Anaxímenes de Mileto imaginó que esta sustancia podía condensarse y expandirse y transformarse así en todos los elementos que componen el mundo. Era un germen de física, rudimentario, pero que iba en la buena dirección. Hacía

23

falta una idea, una gran idea, una gran visión, que diera cuenta del orden oculto del mundo. Esta idea la tuvieron Leucipo y Demócrito.

La gran idea del sistema de Demócrito es sumamente sencilla: el universo consiste en un espacio vacío ilimitado en el que flotan innumerables átomos. En el universo no hay nada más. El espacio no tiene límites, ni arriba ni abajo, ni centro ni confines. Los átomos no tienen cualidades, aparte de su forma. No tienen peso, ni color, ni sabor. «Todo es opinión: lo dulce, lo amargo, lo caliente, lo frío, el color. Lo único que existe en realidad son los átomos y el vacío.»[5]

Los átomos son indivisibles y son los granos elementales de la realidad. No pueden subdividirse y todo está constituido por ellos. Se mueven libremente por el espacio, chocan, se acercan, se alejan, tiran uno del otro. Los átomos afines se atraen y se agrupan.

Esta es la estructura del mundo. Esta es la realidad. Todo lo demás no es sino el producto derivado, casual y accidental de este movimiento y de esta combinación de átomos. La combinación de átomos produce la infinita variedad de todas las sustancias que forman el mundo.

Cuando los átomos se agregan, lo único que cuenta, lo único que existe, es la forma que adoptan y la manera como se disponen en la estructura y se combinan. Así como combinando la veintena de letras del alfabeto se pueden escribir tragedias y comedias, historias ridículas o grandes poemas épicos, así combinando los átomos elementales se obtiene el mundo en su infinita variedad. La metáfora es de Demócrito.[6]

Esta inmensa danza de átomos no tiene ninguna finalidad, ningún propósito. Nosotros, como el resto de la naturaleza, somos uno de los muchos resultados de esta danza infinita. La naturaleza no cesa de experimentar con formas y estructuras, y nosotros, como los demás animales, somos el producto de una selección casual y accidental que se ha producido a lo largo de un larguísimo periodo de tiempo. Nuestra vida es un combinarse de átomos, nuestro pensamiento está hecho de átomos sutiles, nuestros sueños son el producto de átomos, nuestras esperanzas y nuestras emociones están escritas en el lenguaje formado por la combinación de los átomos, la luz que vemos son átomos que nos traen imágenes. De átomos están hechos los mares, las ciudades y las estrellas. Es una visión inmensa, ilimitada, simplicísima y poderosísima, sobre la que luego se construirá el saber de una civilización.

Con esta base, y en decenas de libros, Demócrito construye un vasto sistema en el que trata cuestiones de física, de filosofía, de ética, de política, de cosmología. Escribe sobre lengua, sobre religión, sobre el nacimiento de las sociedades humanas y mucho más. (Impresiona el comienzo de su *Pequeña cosmología*: «En esta obra trato de todas las cosas».) Todos estos libros se han perdido. Sólo conocemos su pensamiento por referencias, citas y compendios de otros autores antiguos.[7] Lo que de esos libros emerge es un humanismo profundo, racionalista y materialista.[8] En Demócrito se alía una gran atención a la naturaleza, que observa con una límpida visión naturalista de la que ha eliminado todo residuo de pensamiento mítico, con un gran interés por la humanidad y una profunda visión ética de la vida, que se anticipa dos mil años a lo mejor de la Ilustración dieciochesca. El ideal ético de Demócrito es la serenidad de ánimo, que se alcanza gracias a la moderación y al equilibrio, a la razón y a no dejarse llevar por las pasiones.

Platón y Aristóteles conocieron bien a Demócrito y combatieron sus ideas. Lo hicieron con ideas alternativas que luego, y durante siglos, obstaculizaron el progreso del conocimiento. Los dos rechazaron las explicaciones naturalistas de Demócrito e interpretaron el mundo en términos finalistas, esto es, pensando que todo lo que ocurre tiene una finalidad, forma de pensar que había de revelarse muy poco útil para entender la naturaleza, o que la entendía en términos de bien y mal, con lo que confundía cuestiones humanas con otras que nada tienen que ver con lo humano.

Aristóteles trata profusamente de las ideas de Demócrito y lo hace con mucho respeto. Platón nunca cita a Demócrito, aunque es opinión común entre los estudiosos actuales que no lo cita porque no quiere, no porque no lo conozca. La crítica a las ideas democríteas está implícita en muchos textos de Platón, por ejemplo en su crítica a los «físicos». En un pasaje del *Fedón,* Platón pone en boca de Sócrates un reproche dirigido a todos los «físicos» que tendrá consecuencias: Platón lamenta que, cuando los «físicos» le explican que la Tierra es redonda, no sepan decirle qué «bien» le reporta a la Tierra ser redonda, por qué ser redonda es bueno para ella. El Sócrates platónico cuenta que se entusiasmó por la física, pero que luego se desengañó:

> Creía que me diría si la Tierra era plana o redonda, pero que luego me explicaría por qué es necesario que tenga esa forma, partiendo del principio de lo mejor y demostrándome que lo mejor para la Tierra es tener esa forma; y que si me hubiera dicho que la Tierra es el centro del mundo, me demostraría que estar en el centro es bueno para la Tierra.[9]

¡Qué desencaminado estaba en esto el gran Platón!

¿Tiene un límite la divisibilidad?

Richard Feynman, el físico más grande de la segunda mitad del siglo xx, escribe al principio de sus preciosas lecciones introductorias de física:

> Si un cataclismo destruyera todo el conocimiento científico y sólo pudiéramos transmitir una frase a las generaciones futuras, ¿qué

afirmación podría contener la mayor cantidad posible de información en la menor cantidad de palabras? Creo que sería la hipótesis de que todas las cosas están hechas de átomos. En esta frase se concentra muchísima información sobre el mundo, a poco que usemos la imaginación y el pensamiento.[10]

A la idea de que todo está hecho de átomos ya llegó Demócrito, sin necesidad de toda la física moderna. ¿Cómo lo hizo?

Demócrito tenía argumentos basados en la observación; por ejemplo, suponía (correctamente) que el hecho de que una rueda se desgaste o la ropa tendida se seque se debe a la lenta pérdida de pequeñísimas partículas de madera o agua. Y tenía también argumentos filosóficos. Nos detendremos en estos porque su fuerza llega hasta la gravedad cuántica.

Demócrito observa que la materia no puede ser un todo continuo, porque hay algo contradictorio en la idea de que lo sea. Conocemos su argumentación gracias a Aristóteles.[11] Imaginemos, dice Demócrito, que la materia puede dividirse hasta el infinito, esto es, que puede trocearse un número infinito de veces. E imaginemos que, efectivamente, troceamos una porción de materia hasta el infinito. ¿Qué nos queda?

¿Podrían quedarnos partículas extensas? No, porque si así fuera, aún no habríamos troceado la materia hasta el infinito. Por tanto, debemos seguir troceándola hasta que sólo nos queden *puntos* sin extensión. Pero si entonces intentamos recomponer la materia a partir de esos puntos, vemos que juntando dos puntos sin extensión no se obtiene nada con extensión, ni juntando tres, ni cuatro. Por muchos puntos que juntemos, nunca obtendremos nada con extensión, porque los puntos no tienen extensión. Por consiguiente, no podemos pensar que la materia está hecha de puntos sin extensión, porque, por muchos que juntemos, jamás obtendremos nada con extensión. La única posibilidad —concluye Demócrito— es que los trozos de materia estén hechos de un número *finito* de trocitos discontinuos, indivisibles, pero *finitos:* los átomos.

El origen de esta manera sutil de argumentar es anterior a Demócrito. Viene de la región de Cilento, en el sur de Italia, de una ciudad que hoy se llama Velia y en el siglo v a.C. se llamaba Elea y era una floreciente colonia griega. Allí había vivido Parménides, filósofo que se tomó quizá demasiado a la letra el racionalismo de Mileto y la gran idea, nacida en esta ciudad, de que la razón nos enseña hasta qué punto las cosas pueden ser distintas de lo que parecen. Para llegar a la verdad, Parménides siguió una vía puramente racional que lo llevó a declarar ilusorias todas las apariencias, con lo que abrió un camino que conduciría a la metafísica y se alejó de lo que más tarde se llamaría «ciencia natural».

Su discípulo Zenón, de Elea también, había aportado argumentos sutiles en apoyo de este racionalismo fundamentalista, que niega radicalmente la credibilidad de la apariencia. Entre estos argumentos se cuentan una serie de paradojas que se han hecho famosas precisamente con el nombre de «paradojas de Zenón», y que quieren probar que todas las apariencias son ilusorias demostrando que la idea común de movimiento es absurda.[12]

La más famosa de las paradojas de Zenón se presenta en forma de fábula: una tortuga desafía a Aquiles a una larga carrera partiendo ella con una ventaja de diez metros. ¿Conseguirá Aquiles alcanzar a la tortuga? Zenón argumenta que, en rigor, Aquiles no lo logrará. Antes de hacerlo, Aquiles tendrá que recorrer esos diez metros, para lo cual empleará un determinado tiempo. En ese tiempo, la tortuga habrá avanzado unos centímetros. Para recorrer esos centímetros, Aquiles necesitará otro poco de tiempo, durante el cual la tortuga, a su vez, habrá avanzado otro tanto, y así infinitamente. Aquiles necesita, pues, un número *infinito* de tiempos para alcanzar a la tortuga, y un *número infinito de tiempos*, argumenta Zenón, es un *tiempo infinito*. En consecuencia, concluye, Aquiles empleará un tiempo infinito en alcanzar a la tortuga, con lo cual no podremos ver a Aquiles alcanzarla. Pero como sí vemos a Aquiles alcanzar y adelantar a todas las tortugas que quiere, se deduce que lo que vemos es irracional y por tanto ilusorio.

Digamos la verdad: no convence. ¿Dónde está el error? Una respuesta posible es que Zenón se equivoca porque no es cierto que, sumando un número infinito de cosas, se obtenga una cosa infinita. Imaginemos que cortamos una cuerda por la mitad, y luego la mitad de la mitad, así hasta el infinito. Al final tendremos un número infinito de cuerdas, cada vez más pequeñas, pero cuya suma será finita, porque al final será como la cuerda de la que partíamos. Por tanto, un número infinito de cuerdas puede formar una cuerda finita; un número infinito de tiempos puede hacer un tiempo finito, y el héroe, aunque deba recorrer un número infinito de trechos, cada vez más pequeños, empleando en cada uno de ellos un tiempo finito, acabará por alcanzar a la tortuga en un tiempo finito.[13]

La aparente paradoja parece resuelta. La solución es la idea del continuo, esto es, la idea de que pueden existir tiempos arbitrariamente pequeños y que un número infinito de ellos sumen un tiempo finito. Aristóteles es el primero que intuye esta posibilidad, que la matemática moderna ha desarrollado en profundidad.

Pero ¿de verdad es esta la solución correcta en el mundo *real*? ¿De verdad existen cuerdas arbitrariamente pequeñas? ¿De verdad podemos cortar una cuerda un número *arbitrariamente grande* de veces? ¿De verdad existen tiempos infinitamente pequeños? ¿De verdad existen espacios infinitamente pequeños? Esta es la cuestión con la que tendrá que enfrentarse la gravedad cuántica.

Según una tradición antigua, Zenón conoció a Leucipo y fue su maestro. Leucipo sabía, pues, de las elucubraciones de Zenón.

Pero les encontró una solución *distinta*. ¿Y si, sugiere Leucipo, no existe nada arbitrariamente pequeño y la divisibilidad tiene un límite?

El universo es granular, no continuo. Con puntos infinitamente pequeños no podría construirse nada extenso (como en el argumento de Demócrito transmitido por Aristóteles que hemos visto antes). La extensión de la cuerda debe estar formada por un número *finito* de objetos de un tamaño *finito*. La cuerda *no* se puede trocear hasta el infinito; la materia no es continua, está formada de átomos de tamaño finito.

Sea o no acertado el argumento abstracto, la conclusión —hoy lo sabemos— sí es acertada. La materia tiene, efectivamente, una estructura atómica. Si divido una gota de agua en dos obtengo dos gotas de agua, que puedo volver a dividir. Pero no puedo seguir dividiéndola hasta el infinito. En algún momento tendré una molécula sola y ese es el fin. No existen gotas de agua más pequeñas que una molécula de agua.

¿Cómo lo sabemos hoy? Los indicios se han acumulado a lo largo de los siglos. Muchos proceden de la química. Las sustancias químicas están compuestas de combinaciones de unos cuantos elementos en proporciones (de peso) dadas por números enteros. Los químicos concebían las sustancias como compuestos de moléculas formadas por combinaciones fijas de átomos. Por ejemplo, el agua, H_2O, está compuesta de dos partes de hidrógeno y una de oxígeno.

Pero no eran sino indicios. Todavía a principios del siglo pasado, muchos científicos y filósofos creían que la hipótesis atómica era una tontería. Uno de ellos, por ejemplo, era el importante físico y filósofo Ernst Mach, cuyas ideas sobre el espacio serán de gran importancia para Einstein. Al término de una conferencia de Boltzmann en la Academia Imperial de la Ciencia de Viena, Mach declara públicamente: «¡Yo no creo que los átomos existan!». Estamos en 1897. Muchos consideraban, como Mach, que la notación de los químicos no era más que un método convencional de registrar reglas de reacciones químicas y que en la realidad no existían moléculas de agua compuestas de dos átomos de hidrógeno y uno de oxígeno. Los átomos no se ven, decían. Ni podrán verse nunca. Además, ¿de qué tamaño son?, preguntaban. Demócrito no fue capaz de medir el tamaño de sus átomos...

La prueba definitiva de la llamada «hipótesis atómica», según la cual la materia está compuesta de átomos, no llegó hasta 1905. La prueba definitiva de la hipótesis atómica de Leucipo y de Demócrito la halla un joven de veinticinco años rebelde e inquieto que había estudiado física, aunque, no habiendo podido encontrar trabajo como físico, se gana la vida como empleado en la oficina de patentes de Berna. Hablaré mucho de este joven en lo que queda del libro, así como de los tres artículos que en 1905 envía a la revista de física más prestigiosa de la época, *Annalen der Physik*. En el primero de estos artículos este joven demuestra definitivamente que los átomos existen y calcula su dimensión, con lo que cierra para siempre la cuestión que Leucipo y Demócrito dejaron abierta veintitrés siglos antes.

Este joven se llama, claro está, Albert Einstein (figura 1.3).

¿Cómo hace todo eso? La idea es extremadamente simple y cualquiera, desde los tiempos de Demócrito en adelante, habría podido llegar a ella sólo con haber tenido la perspicacia de Einstein y el suficiente dominio de las matemáticas como para hacer cuentas, no fáciles, por cierto. La idea es esta: si observamos atentamente partículas muy pequeñas, como motas de polvo o granos de polen, suspendidas en un líquido o en el aire, vemos que vibran. Llevadas por esta vibración, van y vienen zigzagueando y alejándose poco a poco del punto de partida. Este movimiento zigzagueante de las partículas en un fluido se ha llamado «movimiento browniano», por el biólogo que lo describió en el siglo XIX, Robert Brown. La figura 1.4 ilustra la trayectoria

Figura 1.3 Albert Einstein.

típica de una partícula que se mueve así. Es como si las partículas recibieran golpes al azar por todas partes. De hecho, no es
«como si» los recibieran: los reciben. Van y vienen porque son
golpeadas por moléculas de aire, unas veces por un lado y otras
por otro.

El asunto es el siguiente: moléculas de aire hay muchísimas
y, *de media*, golpean al gránulo por un lado tantas veces como lo
golpean por otro. Si las moléculas de aire fueran infinitamente
pequeñas e infinitamente numerosas, el efecto de los choques por
un lado y por otro se equilibraría en todo momento y el gránulo
no se movería. Pero la dimensión finita de las moléculas y el hecho de que su número sea también finito y no infinito provocan
fluctuaciones (esta es la palabra clave) que hacen que los choques nunca se equilibren exactamente en todo momento, sino
sólo *de media*.

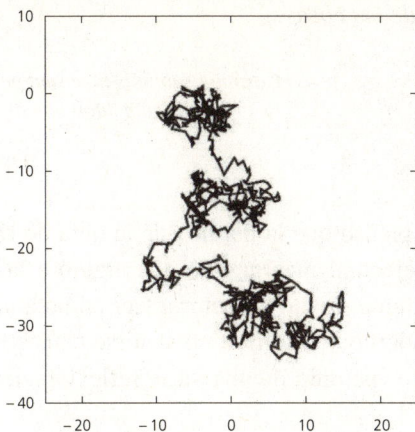

Figura 1.4 Trayectoria browniana típica.

Imaginemos por un momento que hubiera pocas moléculas y que fueran bastante grandes: en ese caso el gránulo recibiría un golpe de vez en cuando, uno por un lado, otro por el otro, lo que haría que se desplazara mucho de aquí para allá, como hace un balón cuando lo golpean unos niños en un campo de fútbol. De hecho, cuanto más pequeñas son las moléculas, más se equilibran los golpes en un breve espacio de tiempo y menos se mueve el gránulo.

Teniendo en cuenta la magnitud del movimiento, que puede observarse, y con un poco de matemáticas, es posible, pues, deducir las dimensiones de la molécula. Es lo que hace Einstein con veinticinco años. Observando el movimiento de las partículas en los fluidos y midiendo sus zigzagueos, calcula las dimensiones de los átomos de Demócrito, de los gránulos elementales de los que está hecha la materia, y aporta, dos mil trescientos años después, la prueba definitiva de la principal intuición de Demócrito: la materia es granular.

> *Carmina sublimis tunc sunt peritura Lucreti,*
> *exitio terras cum dabit una dies.*
>
> Ovidio, *Amores*[14]

A menudo pienso que la pérdida de la obra de Demócrito es la tragedia intelectual más grande que siguió a la caída de la civilización antigua. Invito al lector a leer en nota la lista de los títulos de Demócrito;[15] es difícil no sentirse consternado al pensar lo que hemos perdido de una vasta reflexión científica de la Antigüedad.

Por desgracia, nos ha quedado todo Aristóteles, sobre el que se construyó el pensamiento occidental, y nada de Demócrito. Si nos hubiera quedado todo Demócrito y nada de Aristóteles, es posible que la historia intelectual de nuestra civilización hubiera sido mejor.

Pero siglos de pensamiento único monoteísta no han permitido que el naturalismo racionalista y materialista de Demócrito sobreviviera. El cierre de las escuelas de pensamiento antiguas y la destrucción de todos los textos que no estuvieran de acuerdo con el pensamiento cristiano han sido generales y sistemáticos, después de la brutal represión del paganismo que siguió a los edictos del emperador Teodosio en 390-391 d.C., que proclamaban el cristianismo religión única y obligatoria del imperio. Platón y Aristóteles, paganos que creían en la inmortalidad del alma, podían ser tolerados por un cristianismo triunfante, pero no Demócrito.

Hay un texto, sin embargo, que se ha salvado del desastre y nos ha llegado íntegro, por el cual conocemos un poco del pensamiento del atomismo antiguo y, sobre todo, del espíritu de aquella ciencia: el espléndido poema *De la naturaleza de las cosas* —*De rerum natura*— del poeta latino Lucrecio.

Lucrecio sigue la filosofía de Epicuro, discípulo de un discípulo de Demócrito. Epicuro se interesa más por cuestiones éticas que científicas y no tiene la profundidad de pensamiento de Demócrito. Transmite a veces de manera superficial el atomismo democríteo. Pero su visión del mundo natural es sustancialmente la misma que la del gran filósofo de Abdera. Lucrecio pone en verso el pensamiento de Epicuro, que es el atomismo de Demócrito, y de este modo salva de la catástrofe intelectual de los siglos oscuros una parte de este profundo pensamiento.

Lucrecio canta los átomos, el mar, la naturaleza, el cielo. Pone en versos luminosos cuestiones filosóficas, ideas científicas, argumentos sutiles.

Explicaré con qué fuerzas dirige la naturaleza el curso del Sol y el vagar de la Luna, de suerte que no tengamos que creer que corren su carrera anual entre el Cielo y la Tierra por su libre albedrío, ni que giran porque así lo manda un plan divino...[16]

La belleza del poema está en la sensación de maravilla que impregna la gran visión atomista, en la sensación de profunda unidad de las cosas que produce saber que estamos hechos de la misma sustancia que las estrellas y el mar:

Todos hemos nacido de la semilla celeste, todos tenemos el mismo padre, del que nuestra madre tierra recibe gotas de límpida lluvia para producir, pletórica, el dorado trigo, y los árboles frondosos, y la raza humana, y todas las generaciones de animales salvajes, ofreciéndonos el alimento con el que nutrimos nuestros cuerpos para llevar una vida grata y engendrar prole...[17]

Hay un sentimiento de calma luminosa y serenidad en todo el poema, que viene de saber que no existen dioses caprichosos que nos piden cosas difíciles y nos castigan. Hay una alegría vibrante y ligera ya desde los maravillosos versos del comienzo, dedicados a Venus, símbolo radiante de la fuerza creadora de la naturaleza:

> De ti, diosa, de ti huyen los vientos y las nubes del cielo; por ti la tierra laboriosa engendra flores suaves y las extensiones del mar ríen y todo el cielo brilla con luz difusa.[18]

Hay una aceptación profunda de la vida de la que formamos parte:

> ¿Cómo no ver que la naturaleza sólo una cosa nos pide, con voz imperiosa: que el cuerpo no padezca dolor, que el alma goce con alegría, libre de cuidados y temores?[19]

Y hay una aceptación serena de la muerte inevitable que termina con todos los males y a la que no hay razón para temer. Para Lucrecio, la religión es ignorancia, la razón es la luz que ilumina.

El texto de Lucrecio, olvidado durante siglos, fue hallado por el humanista Poggio Bracciolini en enero de 1417 en la biblioteca de un monasterio de Alemania. Poggio había sido secretario de muchos papas y era un apasionado buscador de libros antiguos, en la estela de los grandes hallazgos de Francesco Petrarca. Su descubrimiento del texto de Quintiliano modificó los planes de estudio de las facultades de derecho de toda Europa y su hallazgo del tratado de arquitectura de Vitruvio transformó el modo de construir edificios. Pero su gran triunfo fue descubrir a Lucrecio. El libro que Poggio encontró se ha perdido, pero la copia que su amigo Niccolò Niccoli hizo de él aún se conserva en la biblioteca Laurenziana de Florencia, con el nombre de «Códice Laurenziano 35.30».

Claro está que el terreno estaba ya abonado para que naciera algo nuevo cuando Poggio devolvió a Europa el libro de Lucrecio. Ya en la generación de Dante se habían oído acentos bastante novedosos:

> Vos que con los ojos me traspasasteis el corazón
> y despertasteis mi mente que dormía
> ved cómo la angustiosa vida mía
> a fuerza de suspiros me destruye Amor.[20]

Pero el hallazgo del *De rerum natura* tuvo un efecto profundo en el Renacimiento italiano y europeo,[21] y su eco resuena todavía directa o indirectamente en las páginas de autores que van de Galileo[22] a Kepler,[23] de Bacon a Maquiavelo. En Shakespeare, un siglo después de Poggio, hay una deliciosa alusión a los átomos:

> Mercucio: ¡Ajá! Ahora veo que os ha visitado la reina Mab, nodriza de las hadas. Es menuda como un ágata en el dedo de un anciano y viene en un carro tirado por pequeños átomos, que corren por la nariz de los dormidos hombres...[24]

En los *Ensayos* de Montaigne hay al menos cien citas de Lucrecio. Pero la influencia directa de Lucrecio llega a Newton, Dalton, Spinoza, Darwin, Einstein. La misma idea de Einstein de que el movimiento browniano de las partículas menudas inmersas en un fluido revela la existencia de los átomos puede encontrarse en Lucrecio. Este es el pasaje del *De rerum natura* en el que Lucrecio ofrece argumentos (una «prueba viva») en apoyo de la idea de los átomos:

> ... tenemos una prueba viva de ello delante de nuestros ojos: si miras con atención un rayo de sol que entra por un agujero en un

cuarto oscuro, verás moverse en él multitud de pequeños cuerpos que chocan unos con otros y se acercan y se alejan sin cesar. De eso puedes deducir cómo se mueven los átomos en el espacio [...]

Fíjate bien: los corpúsculos que ves vagar y mezclarse en el rayo de sol muestran que la materia en la que flotan tiene movimientos imperceptibles e invisibles: de hecho, puedes ver que los corpúsculos cambian de dirección muy a menudo, yendo tan pronto hacia arriba como hacia abajo, tan pronto hacia aquí como hacia allá, en todas direcciones.

Esto ocurre porque los átomos se mueven de manera autónoma, y chocan contra las cosas pequeñas, cuyo movimiento viene determinado por estos choques [...]. Así pues, los átomos son el origen del movimiento de las cosas que vemos flotar en el rayo de sol, cuyo extraño movimiento no tendría otra causa clara.[25]

Einstein resucitó la «prueba viva» que Lucrecio presentó y que probablemente Demócrito concibió primero, y la traduce matemáticamente, llegando a calcular las dimensiones atómicas, con lo que la prueba resulta solidísima.

La Iglesia católica quiso pararle los pies a Lucrecio: en diciembre de 1516 el sínodo florentino prohibió que su obra se leyera en las escuelas. En 1551 el Concilio de Trento la condenó. Pero era demasiado tarde. Toda una visión del mundo, que el fundamentalismo cristiano medieval había borrado, reaparecía en una Europa que volvía a tener los ojos abiertos. No era sólo el naturalismo, el racionalismo, el ateísmo, el materialismo de Lucrecio lo que renacía en Europa. No era sólo una lúcida y serena meditación sobre la belleza del mundo. Era mucho más: era una estructura de pensamiento articulada y compleja para pensar la realidad, un modo nuevo y radicalmente distinto del que había dominado durante siglos el pensamiento de la Edad Media.

El cosmos medieval, que tan maravillosamente cantó Dante, se describía como una organización espiritual y jerárquica del universo que reflejaba la organización jerárquica de la sociedad europea: una estructura esférica cuyo centro era la Tierra; había una separación irreductible entre Tierra y Cielo; se daban explicaciones finalistas de todos los fenómenos naturales; existía el temor de Dios y de la muerte; se prestaba poca atención a la naturaleza; se tenía la idea de que una serie de formas anteriores a las cosas dictaban la estructura del mundo y de que la fuente del conocimiento sólo podían ser el pasado, la Revelación y la tradición...

En el mundo de Demócrito que canta Lucrecio no hay nada de todo esto. No hay temor de los dioses, ni fines ni causas del mundo, ni jerarquía cósmica, ni distinción entre Tierra y Cielo. Hay un amor profundo por la naturaleza, una inmersión serena en ella, un reconocimiento de que somos parte de ella, de que hombres, mujeres, animales, plantas y nubes son piezas orgánicas de un conjunto maravilloso y sin jerarquías. Hay un sentimiento de profundo universalismo, que se inspira en las espléndidas palabras de Demócrito: «Todas las tierras están abiertas al sabio, pues la patria de un alma virtuosa es el universo».[26]

Hay una aspiración a pensar el mundo en términos simples, a indagar y penetrar los secretos de la naturaleza, a saber más de lo que sabían nuestros padres. Y hay extraordinarios instrumentos conceptuales que emplearán Galileo, Kepler y Newton: la idea del movimiento libre y rectilíneo en el espacio; la idea de los cuerpos elementales y de sus interacciones, que construyen el mundo; la idea del espacio que contiene el mundo.

Y hay una idea sencilla de que la divisibilidad de las cosas tiene un límite, de que el mundo es granular. Una idea que interrumpe el infinito que cabe en nuestro puño. Esta idea es el fundamento de la hipótesis atómica y hoy, una vez más, está revelándose clave en el estudio de la gravedad cuántica.

El primero que supo hilvanar los hilos del ovillo que empieza a desenredarse a partir del naturalismo renacentista —y poner otra vez la gran visión democrítea, inmensamente reforzada, en el centro del pensamiento moderno— fue un inglés: el hombre de ciencia más grande de todos los tiempos y primer protagonista del siguiente capítulo.

2
Los clásicos

Isaac y la luna pequeña

Si en el capítulo anterior he dado la impresión de decir que Platón y Aristóteles sólo han perjudicado el progreso del pensamiento científico, me apresuro a corregirme. Los estudios de Aristóteles sobre la naturaleza —por ejemplo, sobre botánica y zoología— son extraordinarias obras científicas, que se fundan en una atentísima observación del mundo natural. La claridad conceptual, la atención a la variedad de la naturaleza, la impresionante inteligencia y la vastedad de pensamiento del gran filósofo han hecho de él un maestro durante siglos. La primera gran física sistemática que conocemos es la suya y no es en absoluto mala física.

Aristóteles la expone en un libro titulado así precisamente, *Física*. El libro no toma el título del nombre de la disciplina tratada: es más bien la disciplina la que toma el nombre del libro de Aristóteles. Para Aristóteles, la física funcionaba de la manera siguiente: lo primero es distinguir Cielo y Tierra. En el Cielo, todo está hecho de una sustancia cristalina que se mueve circular y eternamente en torno a la Tierra, que es esférica y se halla en el centro. En la Tierra, por su parte, hay que distinguir entre movimiento forzado y movimiento natural. El movimiento forzado lo causa un impulso y acaba cuando cesa ese impulso. El movimiento natural se da en vertical, hacia arriba o hacia abajo, y depende de las sustancias. Cada sustancia tiene su «lugar natural», un nivel propio al que siempre vuelve: la tierra abajo, el agua más arriba, el aire aún más arriba y el fuego todavía más. Cuando levantamos una piedra y la soltamos, la piedra se mueve hacia abajo con movimiento natural para volver al nivel que le corresponde. En cambio, las burbujas de aire en el agua, o el fuego en el aire, suben, para ocupar su lugar natural.

No nos riamos de esta física ni la despreciemos, como se hace a menudo, porque es muy buena. Es una correcta descripción del movimiento de los cuerpos inmersos en un fluido y sujetos a las fuerzas de gravedad y atracción, como lo son, efectivamente, todos los cuerpos en nuestra experiencia cotidiana. No es física errónea, como muchas veces se dice.[1] Es sólo una aproximación. Pero también la física de Newton es una aproximación a la relatividad general. Y, seguramente, todo lo que sabemos hoy es una aproximación a algo que aún no conocemos. La física de Aristóteles es todavía un tanto basta y poco cuantitativa (no hace cálculos), pero es muy coherente y racional y capaz de hacer predicciones cualitativas correctas. No en vano durante siglos ha servido de modelo para comprender el movimiento del mundo.

Quizá más importante para el progreso de la ciencia haya sido Platón, que supo ver el alcance de la gran intuición de Pitágoras y del pitagorismo: la clave para avanzar y superar Mileto eran las matemáticas. Pitágoras nació en Samos, una pequeña isla de la costa de Mileto, y según sus biógrafos antiguos, como Jámblico y Porfirio, fue discípulo del anciano Anaximandro. Todo nace en Mileto. Pitágoras viajó mucho, probablemente por Egipto y Babilonia, y al final se estableció en el sur de Italia, en Crotona, donde fundó una secta religioso-político-científica que ejerció gran influencia en la política de la ciudad y legó al mundo un descubrimiento esencial: la importancia teórica de las matemáticas. Se le atribuyen estas palabras: «Lo que gobierna el mundo y las ideas es el número».[2]

Platón liberó el pitagorismo de su pesada e inútil carga mística y destiló el mensaje útil: el mejor lenguaje para comprender y describir el mundo es el matemático. El alcance de esta intuición es inmenso y una de las razones del éxito de la ciencia occidental. Según la tradición, Platón mandó esculpir en la puerta de su escuela la siguiente frase: «Que no entre nadie que no sepa geometría».

Movido por esta convicción, planteó la cuestión fatal: la cuestión que daría lugar, a través de un largo rodeo, a la ciencia moderna. Pidió a sus discípulos que estudiaban matemáticas que descubrieran las leyes que gobiernan los cuerpos celestes que vemos. Venus, Marte y Júpiter se ven bien en el firmamento nocturno y parecen moverse al azar entre las demás estrellas: ¿podía hallarse una matemática que describiera y predijera su movimiento?

El ejercicio, que empezó Eudoxo en la misma escuela de Platón y desarrollaron en siglos sucesivos grandísimos astrónomos como Aristarco e Hiparco, llevó la astronomía antigua a un nivel científico altísimo. Conocemos los logros de esta astronomía gracias a un libro, el único que nos ha llegado: el *Almagesto* de Tolomeo. Tolomeo fue un astrónomo que vivió en Alejandría en tiempos muy posteriores, el siglo I de nuestra era, en época romana, cuando la ciencia empezaba a declinar y poco antes de que desapareciera del todo, con la caída del mundo heleno y la cristianización del imperio.

El libro de Tolomeo es un grandísimo libro de ciencia. Riguroso, preciso, complejo, presenta un sistema de astronomía matemática capaz de prever el movimiento aparentemente casual de los planetas con una precisión casi absoluta, pese a la limitada capacidad de observación del ojo humano. El libro es la demostración de que la intuición de Pitágoras es certera. Las matemáticas permiten describir el mundo y prever el futuro: el movimiento aparentemente errático y desordenado de los planetas puede preverse con exactitud usando fórmulas matemáticas que Tolomeo, compendiando siglos de trabajo de astrónomos griegos, expone de manera sistemática y magistral. Aún hoy, con un poco de estudio, se puede abrir el libro de Tolomeo, aprender sus técnicas y *calcular* la posición, por ejemplo, de Marte en el cielo *futuro;* hoy, dos mil años después de que fueron formuladas. Haber comprendido que operar esta magia es posible constituye el fundamento de la ciencia moderna, y lo debemos, en no poca medida, a Pitágoras y Platón.

Tras el declive de la ciencia antigua, nadie en el Mediterráneo fue capaz de comprender a Tolomeo ni los otros poquísimos grandes libros de la ciencia antigua que sobrevivieron a la catástrofe, como los *Elementos* de Euclides. En la India, adonde el saber griego había llegado gracias a los numerosos intercambios comerciales y culturales, estos libros se estudiaron y comprendieron. De la India, este saber volvió a Occidente de la mano de científicos persas y árabes que supieron entenderlo y preservarlo. Aun así, la astronomía apenas dio pasos significativos en más de mil años.

Más o menos por la época en la que Poggio Fiorentino descubría el manuscrito de Lucrecio, un joven polaco que había ido a estudiar primero a Bolonia y luego a Padua se embebía también del ambiente vibrante del humanismo italiano y del entusiasmo por los textos antiguos. Se hacía llamar a la manera latina: Nicolaus Copernicus. El joven Copérnico estudia el *Almagesto* de Tolomeo y se enamora de él. Decide dedicar su vida a la astronomía siguiendo los pasos del gran Tolomeo.

Pero ahora los tiempos están maduros y Copérnico, más de un milenio después de Tolomeo, dará el salto que generaciones de astrónomos indios, árabes y persas no pudieron dar: no meramente aprender, aplicar y limar el sistema tolemaico, sino atreverse a modificarlo y perfeccionarlo profundamente. En lugar de describir cuerpos celestes que giran alrededor de la Tierra, Copérnico presenta una especie de versión revisada y corregida del *Almagesto* de Tolomeo, en la que, eso sí, el Sol es el centro y la Tierra gira alrededor de él, junto con los demás planetas.

De este modo —esperaba Copérnico—, los cálculos funcionarían mejor. En realidad, no funcionaban mucho mejor que los de Tolomeo, sino más bien peor. Pero la idea era buena. Fue Johannes Kepler, de la generación posterior, quien hizo que el sistema de Copérnico funcionara debidamente. Kepler, trabajando con una paciencia y una dedicación obsesivas con nuevas y exactas observaciones de la posición de los planetas, muestra que unas pocas leyes matemáticas nuevas describen exactamente el movimiento de los planetas alrededor del Sol, con una precisión aún mayor que los antiguos. Estamos en 1600 y por primera vez se hace algo mejor de lo que se había hecho en Alejandría más de mil años antes.

Mientras en el frío norte Kepler calcula los movimientos del cielo, en Italia la nueva ciencia empieza a despegar con Galileo Galilei. Exuberante, polémico, pendenciero, cultísimo, inteligentísimo y con una desbordante capacidad de invención, Galileo pide a Holanda un ejemplar de un nuevo invento, el telescopio, y hace algo que cambia la historia del hombre: lo dirige al cielo.

Ve cosas que los humanos no podíamos imaginar: anillos que rodean Saturno, montañas en la Luna, fases de Venus, satélites en torno a Júpiter... Cada uno de estos fenómenos vuelve más plausible la idea de Copérnico. Los instrumentos científicos empiezan a abrir los miopes ojos de la humanidad a un mundo mucho más vasto y variado de lo creído hasta entonces.

Pero la gran idea de Galileo, que estaba convencido de la exactitud del sistema copernicano y, por tanto, de que la Tierra era un planeta como los demás, es sacar la conclusión lógica de la revolución cósmica llevada a cabo por Copérnico: si los movimientos del cielo siguen leyes matemáticas precisas, y si la Tierra es un planeta como los demás y forma también parte del cielo, entonces en la Tierra deben de existir leyes matemáticas precisas que gobiernen el movimiento de los objetos.

Seguro de esta racionalidad profunda de la naturaleza y de lo sensato del sueño pitagórico-platónico de que la naturaleza puede comprenderse con las matemáticas, Galileo decide estudiar *cómo* se mueven los cuerpos en la Tierra cuando se los suelta, es decir, cuando caen. Como está convencido de que debe existir una ley matemática, la busca haciendo pruebas. Por primera vez en la historia de la humanidad, realiza un *experimento:* con Galileo nace la ciencia experimental. El experimento es sencillo: deja caer una serie de cuerpos, esto es, deja que sigan lo que para Aristóteles era su movimiento natural, y trata de medir con precisión a qué velocidad caen.

El resultado es sensacional: los cuerpos no caen a una velocidad constante, como siempre se había creído. La velocidad aumenta en el curso de la caída y de una manera regular. Lo constante no es la velocidad de caída, sino la aceleración, es decir, la velocidad a la que cambia la velocidad. Además, esta aceleración es la misma para todos los cuerpos. Galileo la mide y obtiene que es igual a

$$9{,}8 \text{ metros por segundo al segundo,}$$

o sea, que cada segundo, la velocidad de un cuerpo que cae aumenta en 9'8 metros por segundo. Quedémonos con esta cifra. Es la primera ley matemática descubierta para los cuerpos terrestres. La ley de la caída de los cuerpos *(x(t) = ½ at²)*. Hasta ese momento sólo se habían encontrado leyes matemáticas para el movimiento de los planetas. La perfección matemática no pertenece únicamente al Cielo, pues.

Pero el logro mayor aún está por llegar y es el grandísimo inglés Isaac Newton quien lo consigue. Newton estudia los resultados de Galileo y Kepler, los combina y descubre el diamante oculto. Sigamos su razonamiento, como lo cuenta él mismo, usando la idea de la «luna pequeña», en su gran libro, los *Principios matemáticos de la filosofía natural,* volumen que funda la ciencia moderna.

Imaginemos —escribe Newton— que la Tierra tiene muchas lunas, como Júpiter. Además de la Luna verdadera, imaginemos, pues, que existen otras lunas, en particular una «luna pequeña» que gira en torno a la Tierra a muy poca distancia, casi rozándola, apenas por encima de la cima de las montañas. ¿A qué velocidad orbitaría esta luna pequeña? Una de las leyes que Kepler había descubierto relaciona el radio de la órbita con el periodo de revolución.[3] Como conocemos el radio de la órbita de la Luna (que midió Hiparco en la Antigüedad) y su periodo (un mes), podemos calcular por una simple regla de tres el periodo que tendría la luna pequeña. La regla de tres arroja un periodo de una hora y media: la luna pequeña daría una vuelta a la Tierra cada hora y media.

Ahora bien, un objeto que gira en redondo no va derecho: cambia continuamente la dirección de su velocidad y cada cambio de velocidad es una aceleración. La luna pequeña tiene una aceleración hacia el centro del círculo por el que se mueve. Esta aceleración es fácil de calcular si conocemos el radio y la velocidad de la órbita $(a = v^2/r)$, luego podemos calcularla. Newton realiza el sencillo cálculo y el resultado es

¡9,8 metros por segundo cada segundo!

¡Exactamente la misma aceleración que calculó Galileo para los cuerpos que caen en la Tierra!

¿Una coincidencia? No puede ser, razona Newton. Si el *efecto* es el mismo —una aceleración hacia abajo de 9,8 metros por segundo cada segundo—, la *causa* debe de ser la misma. Y, por tanto, la causa que hace girar la luna pequeña en su órbita debe de ser la misma causa que hace caer los cuerpos en la Tierra.

Nosotros llamamos «gravedad» a la causa que hace que los cuerpos caigan. Entonces debe de ser esta misma gravedad la que lleva a la luna pequeña a girar en torno a la Tierra. Sin esta gravedad, la luna pequeña se escaparía en línea recta. Pero ¡entonces también la Luna verdadera gira en torno a la Tierra atraída por la gravedad! ¡Y también las lunas de Júpiter son atraídas por Júpiter, y los planetas que giran alrededor del Sol son atraídos por el Sol! Si esta atracción no existiera, los cuerpos celestes volarían en línea recta. Así pues, el universo es un gran espacio en el que los cuerpos viajan en línea recta y se atraen unos a otros con «fuerzas» y existe una fuerza universal de gravedad con la que todos los cuerpos se atraen entre sí...

Una inmensa visión cobra forma. De pronto, después de milenios, la Tierra y el Cielo dejan de estar separados, ya no hay un «nivel natural» de las cosas, como decía Aristóteles, ni centro del mundo, ni las cosas que se sueltan van a su lugar natural, sino que se mueven en línea recta para siempre.

Un simple cálculo sobre la hipotética luna permite a Newton aclarar cómo actúa la fuerza de la gravedad y calcular su intensidad $(F = GM_1M_2/r^2)$, determinada por lo que hoy se conoce con el nombre de «constante de Newton» y se indica con G (por «gravedad»). La fuerza de la gravedad, entiende Newton, actúa igualmente en la Tierra y el Cielo. En la Tierra hace que caigan las cosas y en el Cielo mantiene los planetas y los satélites en sus órbitas. La fuerza es la misma.

Es una subversión completa de todo el esquema mental del mundo aristotélico, la visión del mundo que había dominado por entero en la Edad Media. Pensemos en el universo de Dante, por ejemplo: como para Aristóteles, la Tierra era una pelota en medio del universo rodeada de las esferas celestes. Ahora ya no es así. El universo es un inmenso espacio infinito constelado de estrellas, sin centro ni límites, surcado por cuerpos materiales que corren libres y en línea recta, a menos que una fuerza, generada por otro cuerpo, los desvíe. La referencia al atomismo antiguo es evidente en Newton, aunque lo formula en términos convencionales:

Me parece probable que Dios, en el principio del mundo, formara la materia con partículas sólidas, macizas, duras, impermeables y móviles, de unas determinadas dimensiones y formas, con unas determinadas propiedades y con unas determinadas proporciones respecto del espacio...[4]

El mundo de la mecánica de Newton es simple y puede resumirse en las figuras 2.1 y 2.2. Es el mundo de Demócrito que retorna. Un mundo hecho de un inmenso espacio indiferenciado, idéntico a sí mismo, por el que se mueven eternamente partículas que actúan unas con otras, y nada más. Es el mundo que cantará Leopardi:

> ... ilimitados espacios
> más allá de ella, y sobrehumanos
> silencios, y profundísima quietud
> con la imaginación me represento.

Sólo que ahora la visión es muchísimo más poderosa que la democrítea, porque no es únicamente una imagen concebida para

Figura 2.1 ¿De qué está hecho el mundo?

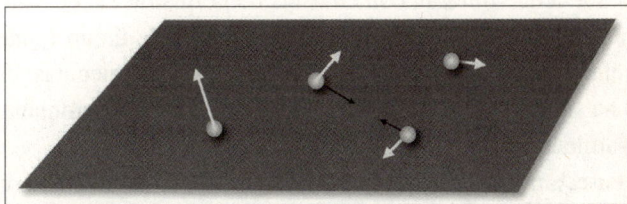

Figura 2.2 El mundo de Newton: partículas que se mueven en el espacio, a lo largo del tiempo, y que se atraen por medio de fuerzas.

poner orden en el mundo, sino que se combina con las matemáticas, el legado de Pitágoras, y con la gran tradición de la física matemática de la astronomía alejandrina. El mundo de Newton es el mundo de Demócrito, matematizado.

Newton reconoce sin reservas la deuda que tiene la nueva física con la ciencia antigua. Por ejemplo, en las primeras líneas del *Sistema del mundo* atribuye (correctamente) a la Antigüedad el origen de las ideas básicas de la revolución copernicana: «Fue antiquísima opinión de los filósofos que en la parte alta del mundo están las estrellas fijas y que la Tierra gira en torno al Sol», aunque no tiene muy claro quién afirmaba qué en el pasado, y cita, con mayor o menor criterio, a Filolao, a Aristarco de Samos, a Anaximandro, a Platón, a Anaxágoras, a Demócrito y «al doctísimo Numa Pompilio, rey de los romanos» (!).

La fuerza de la nueva construcción intelectual newtoniana se revela inmensa y supera con creces toda expectativa. La tecnología del mundo decimonónico y moderno se basa en grandísima medida en las fórmulas de Newton. Han pasado tres siglos pero seguimos construyendo puentes y rascacielos, fabricando trenes, motores y sistemas hidráulicos, haciendo volar aviones, prediciendo el tiempo, previendo la existencia de un planeta antes de verlo y mandando naves espaciales a Marte gracias a teorías basadas en las ecuaciones de Newton... El mundo moderno no habría podido nacer sin la luna pequeña de Newton.

Es una nueva y vasta concepción del mundo, una manera de pensar a la que mirarán con entusiasmo la Ilustración de Voltaire y Kant, un modo concreto de calcular el futuro. Es un esquema de referencia y un modelo para todas las demás ciencias. Todo esto ha sido y sigue siendo la inmensa revolución newtoniana del pensamiento.

Parece que hemos desvelado la clave para entender la realidad: el mundo está hecho de un gran espacio infinito en el que, mientras el tiempo transcurre, corren partículas que se atraen por medio de fuerzas. Todo parece reducible a este esquema. Tenemos ecuaciones precisas que gobiernan estos movimientos. Y estas ecuaciones resultan inmensamente eficaces. Todavía en el siglo XIX se escribía que Newton había sido no sólo uno de los hombres más inteligentes y clarividentes, sino también uno de los más afortunados, porque existe un único sistema de leyes fundamentales del mundo y él había tenido la suerte de descubrirlo. Parece que todo está claro.

Aunque, ¿de verdad es así?

Michael: los campos y la luz

Newton sabía bien que sus ecuaciones no describen todas las fuerzas que existen en la naturaleza. Además de la gravedad, debe de haber otras fuerzas que tiran de los cuerpos. Las cosas no se mueven sólo cuando caen. Un primer problema que Newton dejó abierto era, pues, descubrir esas otras fuerzas. La comprensión de las otras fuerzas que determinan lo que ocurre a nuestro alrededor tuvo que esperar al siglo XIX y deparó dos grandes sorpresas.

La primera sorpresa es que casi todos los fenómenos observables en la naturaleza los gobierna *una sola* fuerza, además de la de la gravedad: la fuerza que hoy llamamos «electromagnética». Esta fuerza es la que mantiene unida la materia que forma cuerpos sólidos, la que une los átomos de las moléculas y los electrones de los átomos, la que hace que funcione la química y por tanto la materia viva, la que actúa en las neuronas de nuestro cerebro y permite que se transmita la información sobre el mundo que percibimos, la que genera la fuerza de rozamiento que frena un objeto que se desliza, la que hace que los paracaidistas aterricen suavemente, la que hace que marchen los motores eléctricos y los motores de combustión,[5] la que hace que se enciendan las bombillas, la que permite que oigamos la radio, etcétera.

La segunda sorpresa, crucial por lo que respecta a la historia que estoy contando, es que aclarar el funcionamiento de dicha fuerza ha requerido una modificación importante del mundo de Newton: es la modificación de la que nace la física moderna y la noción más importante que debemos tener en cuenta para comprender lo que sigue en este libro: la noción de «campo».

Fue otro británico o, mejor dicho, otros dos británicos quienes descubrieron cómo funciona la fuerza electromagnética: Michael Faraday y James Clerk Maxwell, la pareja más heterogénea de la ciencia (figura 2.3).

Michael Faraday es un pobre londinense sin educación académica que trabaja primero en un taller de encuadernación y luego en un laboratorio, donde sabe hacerse valer y se convierte en el experimentador más genial y en el visionario más grande de la física del siglo xix. No sabe matemáticas y escribe un maravilloso libro de física prácticamente sin ninguna ecuación. Él ve la física con los ojos de la mente y con esos ojos crea mundos. James Clerk Maxwell, por el contrario, es un rico escocés de familia aristocrática y uno de los más grandes matemáticos del siglo. Aunque en estilo intelectual, además de en origen social, los separa un abismo, se entienden muy bien y abren, aliando dos formas de genio, el camino de la física moderna.

Lo que a principios del siglo xviii se sabía de la electricidad y del magnetismo no pasaba de curiosos fenómenos de feria: varitas de cristal que atraían papeles, imanes que se atraían y repelían y poco más. El estudio de la electricidad prosiguió lentamente a lo largo de todo el siglo xviii y en el xix. Faraday trabaja en Londres en un laboratorio lleno de bobinas, agujas, imanes, láminas y jaulas de hierro, investigando cómo se atraen y se repelen las cosas eléctricas y las cosas magnéticas. Como buen newtoniano que es, quiere, igual que todos, descubrir las propiedades de la fuerza que actúa entre los objetos cargados de electricidad y los objetos magnéticos. Y es así, trabajando en contacto directo con

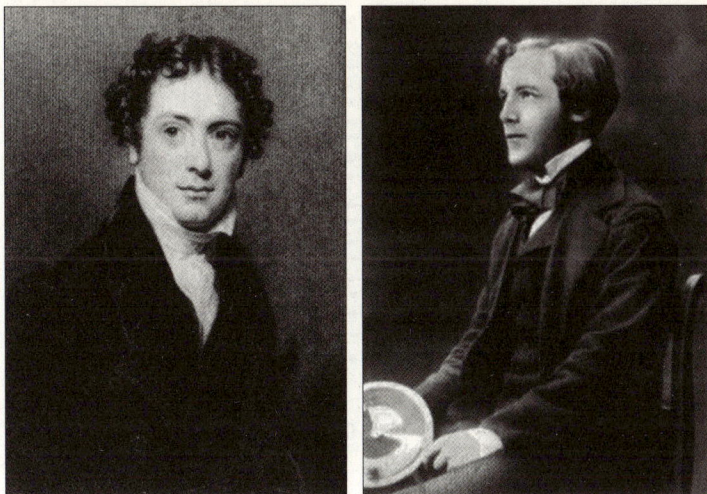

Figura 2.3 Michael Faraday y James Clerk Maxwell.

esos objetos, como tiene una intuición que es la intuición fundamental de la física moderna. «Ve» algo nuevo.

La intuición de Faraday es la siguiente: no es, como pensaba Newton, que las fuerzas actúen directamente entre objetos distantes. Es, al contrario, que existe una entidad real que ocupa todo el espacio, se ve modificada por los cuerpos eléctricos y magnéticos y, a su vez, actúa sobre esos cuerpos eléctricos y magnéticos (tirando de ellos en un sentido o en otro). Esta entidad, cuya existencia Faraday intuye, es lo que hoy llamamos «campo».

¿Qué es, pues, el «campo»? Faraday se lo imagina formado por haces de líneas finísimas (infinitamente finas) que llenan el espacio, como una enorme telaraña invisible que nos envuelve. A estas líneas las llama «líneas de fuerza», porque de algún modo son líneas que «llevan la fuerza»: llevan la fuerza eléctrica y la fuerza magnética como si fueran cables que tiran en un sentido o en otro (figura 2.4).

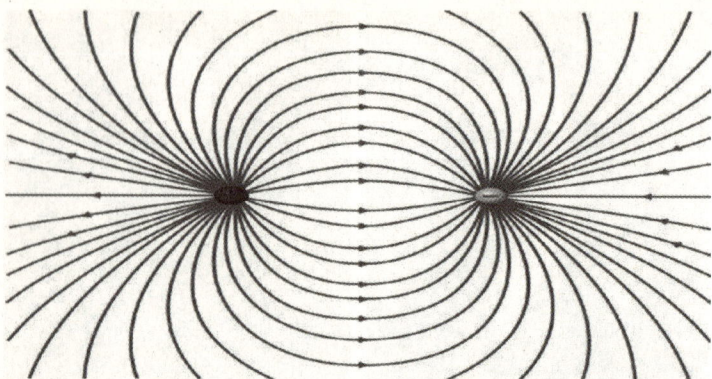

Figura 2.4 El campo que llena el espacio y dos objetos con carga eléctrica con los que el campo interactúa. La fuerza que media entre los dos objetos la «llevan» las «líneas de fuerza» del campo.

Un objeto con una carga eléctrica (por ejemplo, una varita de cristal que se ha frotado) distorsiona los campos eléctricos y magnéticos que lo rodean y a su vez estos campos producen una fuerza sobre todos los objetos con carga que hay en ellos. Por tanto, dos cargas situadas a cierta distancia no se atraen ni se repelen *directamente*, sino que lo hacen a través de un medio que se interpone entre ellas.

Si tomamos dos imanes y los acercamos, notaremos la fuerza con que se atraen y, sobre todo, se repelen, y veremos que no es nada difícil tener la misma intuición que tuvo Faraday, porque «sentimos», a través de sus efectos, el *campo* que se interpone entre los imanes.

Es una idea muy distinta del concepto newtoniano de fuerza que actúa a distancia entre dos cuerpos. Pero a Newton le habría gustado. Newton no se explicaba esta acción a distancia que él mismo había introducido. ¿Cómo atrae la Tierra a la Luna desde tan lejos? ¿Cómo atrae el Sol a la Tierra, sin tocarla? En una carta escribió:

Es inconcebible que una materia inanimada pueda actuar sobre otra materia sin la mediación de otra cosa material, ni ejercer un efecto sobre ella sin que haya un contacto.[6]

Y más adelante:

La idea de que la gravedad sea innata, inherente a la materia, de suerte que un cuerpo pueda actuar sobre otro a través del vacío, sin la mediación de algo [...] me parece tan absurda que creo que nadie con capacidad de pensamiento conceptual la aceptaría. La gravedad debe de causarla algún agente que actúa según ciertas leyes, pero qué tipo de agente es ese es algo que dejo a la consideración del lector.[7]

¡Newton está aquí juzgando absurda su propia labor, que los siglos venideros habían de elogiar como el mayor triunfo de la ciencia! Se da cuenta de que tras la acción a distancia de su fuerza de gravedad debe de haber otra cosa, pero no sabe qué, y deja la cuestión... ¡«a la consideración del lector»!

Es propio del genio ser consciente de los límites de sus logros, incluso cuando estos son tan grandes como el descubrimiento de las leyes de la mecánica y de la gravitación universal, como en el caso de Newton. La teoría newtoniana funcionó tan bien, resultó tan útil, que durante dos siglos a nadie se le ocurrió ponerla en cuestión. Ni siquiera Faraday, el «lector» a cuya consideración había dejado Newton el asunto, halló la clave para entender cómo se atraen y se repelen los cuerpos a distancia. Einstein aplicará luego la solución de Faraday a la misma gravedad de Newton.

Con la introducción de esta nueva entidad, el «campo», Faraday rompe radicalmente con la elegante y simple ontología newtoniana: el mundo ya no está hecho solamente de partículas que se mueven en el espacio mientras el tiempo pasa. Aparece un nuevo actor, el campo. Faraday es consciente de la trascendencia del paso que da. En su libro hay páginas muy hermosas en que se cuestiona estas «líneas de fuerza» y se pregunta si son reales. Después de dudas y consideraciones concluye que sí son reales, aunque lo hace con «la inseguridad que es debida cuando se tratan cuestiones científicas tan profundas».[8] Es consciente de que está modificando la estructura del mundo después de dos siglos de éxito ininterrumpido del newtonianismo (figura 2.5).

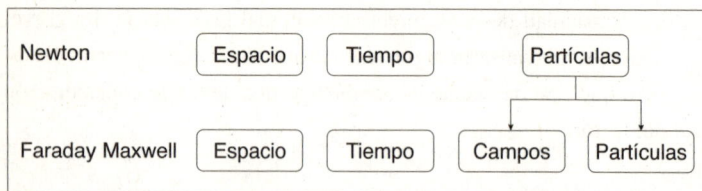

Figura 2.5 ¿De qué está hecho el mundo?

Maxwell conoce rápidamente lo valioso de la idea y traduce la intuición de Faraday, que éste explica verbalmente, en una página de ecuaciones.[9] Son las ecuaciones de Maxwell. Dichas ecuaciones describen el comportamiento del campo eléctrico y del campo magnético y son la versión matemática de las «líneas de Faraday».[10]

Las ecuaciones de Maxwell se usan hoy a diario para expresar todos los fenómenos eléctricos y magnéticos, para diseñar una antena, una radio, un motor eléctrico o un ordenador. Es más: también se ha descubierto que estas ecuaciones sirven para explicar cómo funcionan los átomos (que se mantienen unidos por fuerzas eléctricas), cómo están pegadas unas a otras las partículas de materia que componen una piedra, cómo funciona el Sol y cómo se producen muchísimos otros fenómenos. De hecho, casi todo lo que vemos, a excepción de la gravedad y poco más, lo expresan bien las ecuaciones de Maxwell.

Pero eso no es todo. Aún queda el que seguramente sea el descubrimiento más bello de todos los tiempos: las ecuaciones explican la luz.

El mismo Maxwell se da cuenta de que sus ecuaciones contemplan la posibilidad de que las líneas de Faraday vibren y ondulen como las olas del mar. Las ondulaciones de las líneas de Faraday corren a una velocidad que Maxwell calcula y que resulta ser... ¡exactamente la de la velocidad de la luz! ¿Qué significa esto? Maxwell lo sabe: ¡significa que la luz no es sino una vibración de las líneas de Faraday! Faraday y Maxwell no sólo han descubierto cómo funcionan la electricidad y el magnetismo, sino que, al mismo tiempo, y como efecto colateral, ¡han entendido lo que es la luz!

Vemos el mundo que nos rodea de colores. ¿Qué es el color? Pues ni más ni menos que la frecuencia (la velocidad de oscilación) de las ondas electromagnéticas que forman la luz. Si las ondas vibran más rápido, la luz es más azul. Si las ondas vibran más lentas, más roja. El color, según lo vemos, es nuestra reacción psicofísica a las señales nerviosas que nos envían los receptores de nuestros ojos, que son capaces de distinguir ondas electromagnéticas de distinta frecuencia.

¿Cómo debió de sentirse Maxwell al ver que sus ecuaciones, que concibió para expresar fuerzas entre bobinas, jaulas y agujas del laboratorio de Faraday, explicaban la luz y los colores?

La luz no es más que una vibración rápida de la maraña de líneas de Faraday, que se encrespan como un lago cuando sopla el viento. En realidad, pues, no es verdad que «no veamos» las líneas de Faraday. Vemos *sólo* líneas de Faraday que vibran. «Ver» quiere decir percibir la luz, y la luz es el movimiento de las líneas de Faraday. Nada va de un lado a otro del espacio sin que algo lo transporte. Si vemos a un niño jugando en la playa es sólo porque entre él y nosotros está esa trama de líneas vibrantes que nos trae su imagen. ¿No es maravilloso el mundo?

El hallazgo es extraordinario, pero aún hay más. El siguiente descubrimiento tiene un valor concreto para la humanidad, un valor sin parangón. Maxwell advierte que las ecuaciones revelan que las líneas de Faraday pueden vibrar a frecuencias mucho más bajas, o sea, más lentamente que las de la luz. Debe de haber *otras* ondas, no vistas aún por nadie, que el movimiento de cargas eléctricas puede producir y que a su vez producen movimientos de cargas eléctricas. Luego debe de ser posible agitar una carga eléctrica *aquí* y producir una onda que moverá otra carga eléctrica *allí*. Estas ondas, previstas teóricamente por Maxwell, se descubrieron unos años después (por el físico alemán Heinrich Hertz) y, al poco, Marconi fabricó con ellas la primera radio.

Toda la tecnología de las comunicaciones moderna—radio, televisión, teléfonos, ordenadores, navegadores por satélite, wifi, internet, etcétera— es una aplicación de las ondas previstas por Maxwell; las ecuaciones de Maxwell son la base de todos los cálculos de los ingenieros de comunicaciones. La civilización contemporánea en su conjunto, que se basa en la rapidez de las comunicaciones, nace de la intuición de un pobre encuadernador de libros londinense —que sabía analizar ideas y tenía una viva imaginación— que vio líneas con los ojos de la mente, y de la capacidad de un buen matemático que tradujo todo eso en ecuaciones y entendió que las ondas que son esas líneas pueden transmitir noticias de una punta a otra del planeta en un santiamén.

Toda la tecnología actual se basa en el uso de un objeto físico —las ondas electromagnéticas— que, antes de ser «descubierto», fue «predicho» matemáticamente por Maxwell, que simplemente topó con la expresión matemática que daba cuenta exacta de la intuición que tuvo Faraday tratando de ordenar las observaciones que hacía con bobinas y agujas. Este es el poder fabuloso de la física teórica.

El mundo ha cambiado: ya no está hecho de partículas en el espacio, sino de partículas y campos que se mueven en el espacio

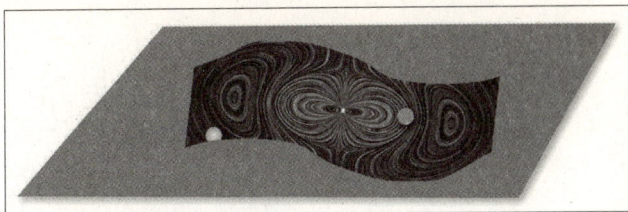

Figura 2.6 El mundo de Faraday y Maxwell: partículas y campos que se mueven en el espacio, en el curso del tiempo.

(figura 2.6). Parece un cambio mínimo, pero, décadas después, un joven judío, ciudadano del mundo, sacará de ese cambio consecuencias que superarán con creces la no pequeña imaginación de Michael Faraday y revolucionarán aún más profundamente el mundo de Newton.

Segunda parte
El principio de la revolución

La física del siglo XX ha modificado la imagen newtoniana del mundo de manera radical. La eficacia de estas modificaciones está hoy ampliamente demostrada y es la base de gran parte de la tecnología. Este sustancial ahondamiento de nuestra comprensión del mundo se funda en dos grandes teorías: la relatividad general y la mecánica cuántica.

Ambas teorías exigen que pongamos valientemente en cuestión nuestras ideas convencionales acerca del mundo. Las de espacio y tiempo, en el caso de la relatividad, y las de materia y energía, en el caso de la mecánica cuántica.

En esta parte expongo con detalle las dos teorías y trato de aclarar el significado físico fundamental de ambas, poniendo de manifiesto su revolucionario alcance conceptual. Aquí empieza la magia de la física del siglo XX. Estudiar y tratar de entender bien estas dos teorías es una aventura emocionante.

Ambas teorías constituyen la base de la que se parte para llegar a la gravedad cuántica. Sobre estos dos pilares, relatividad y cuantos, se intenta avanzar.

3
Albert

El padre de Albert construía centrales eléctricas en Italia. Cuando Albert era un niño, las ecuaciones de Maxwell se habían formulado apenas dos décadas antes, pero en Italia empezaba la revolución industrial y las turbinas y los transformadores que su padre montaba se basaban ya en esas ecuaciones. El poder de la nueva física era evidente.

Albert era un rebelde. Sus padres lo habían dejado en Alemania para que fuera al instituto, pero para él la educación alemana era demasiado rígida, obtusa y militarista. Como chocaba con las autoridades académicas, abandonó los estudios y se reunió con sus padres en Italia, en Pavía, donde se dedicó a no hacer nada. Los padres rara vez entienden que ese no hacer nada de los adolescentes es el tiempo mejor empleado del mundo. Luego fue a estudiar a Suiza, donde al principio no pudo entrar en el politécnico de Zúrich, como quería. Acabada la universidad, no encontró puesto en ella y para vivir con su amada tuvo que buscar trabajo: en la oficina de patentes de Berna.

No era un gran empleo para un licenciado en física de entonces, pero le dejaba tiempo para pensar. Trabajaba y pensaba. En realidad, era lo que había hecho siempre: en lugar de estudiar lo que le enseñaban en la escuela, leía los *Elementos* de Euclides y la *Crítica de la razón pura* de Kant.

A los veinticinco años, Einstein escribe y envía tres artículos a la revista *Annalen der Physik*. Cada uno de ellos merecería un

Premio Nobel y más. Cada uno de ellos es un pilar fundamental de nuestra actual comprensión del mundo. Del primer artículo ya he hablado. Es el artículo en el que el joven Albert calcula la dimensión de los átomos y demuestra, al cabo de veintitrés siglos, que las ideas de Demócrito eran correctas: la materia está compuesta de átomos.

El segundo artículo es el que le dio más fama: en él introduce la teoría de la relatividad y a él está dedicado este capítulo.

En realidad hay dos teorías de la relatividad. El sobre que el veinteañero Einstein envía a la revista de física contenía la primera de ellas: la teoría que en Italia se llama «relatividad restringida» y en el resto del mundo «relatividad especial». La relatividad especial es una aclaración importante de la estructura del espacio y el tiempo, de la que hablaré antes de pasar a la teoría de Einstein más importante: la relatividad general.

La relatividad especial es una teoría sutil y conceptualmente difícil. Creo que cuesta más de entender que la relatividad general. Que el lector no se desaliente si lo que sigue le suena abstruso. Las nociones que introduzco muestran, por primera vez, no sólo que en la visión newtoniana del mundo falta algo, sino que hay algo que debemos modificar radicalmente si queremos entender el mundo, y que debemos modificarlo contraviniendo nuestras costumbres de pensamiento. Es el primer verdadero vuelco de las concepciones que nos resultan más intuitivas.

El presente extenso

Las teorías de Newton y Maxwell parecen mostrar sutiles contradicciones. Las ecuaciones de Maxwell determinan una velocidad: la velocidad de la luz. Pero la mecánica de Newton no era compatible con la existencia de una velocidad fija, porque lo que hay en las ecuaciones de Newton es siempre la aceleración, no la velocidad. En la física de Newton, la velocidad es siempre velocidad de una cosa con respecto de otra. Fue Galileo quien observó el hecho de que la Tierra puede moverse también sin que nosotros lo notemos, porque lo que llamamos «velocidad» es siempre velocidad «respecto de la Tierra». La velocidad, se dice, es un concepto *relativo*. Esto es, no existe la velocidad de un objeto en sí: existe sólo la velocidad de un objeto con respecto a otro. Esto se enseñaba a los estudiantes de física en el siglo XIX y sigue enseñándose hoy. Pero si es así, la velocidad de la luz determinada por las ecuaciones de Maxwell ¿respecto de qué es velocidad?

Una posibilidad es que haya una especie de sustrato universal respecto al cual la luz se mueve a esa velocidad. Pero, en concreto, no se entiende qué efectos podría tener ese sustrato, ya que las ecuaciones de Maxwell parecen independientes de él. De hecho, todos los experimentos realizados a finales del siglo XIX para, usando la luz, medir la velocidad de la Tierra con respecto a este hipotético sustrato fracasaron.

Einstein afirmaba que no había resuelto el equívoco gracias a ningún experimento en particular, sino a que, sencillamente, había reflexionado sobre la relación entre las ecuaciones de Maxwell y la mecánica de Newton, y se había preguntado si, después de todo, la teoría de Maxwell no sería coherente con lo fundamental de los descubrimientos de Newton y Galileo, que dicen que la velocidad es una noción relativa.

Partiendo de estas consideraciones, Einstein descubre algo asombroso. Para entender lo que es, pensemos, lector, en todos los acontecimientos pasados, presentes y futuros respecto del momento en que estamos leyendo esto e imaginémonoslos dispuestos como en la figura 3.1.

Pues bien, lo que Einstein descubre es que este esquema está equivocado. En realidad, las cosas son como las ilustra la figura 3.2.

Entre el pasado y el futuro de cualquier acontecimiento (por ejemplo, entre el pasado y el futuro del aquí y ahora precisos en

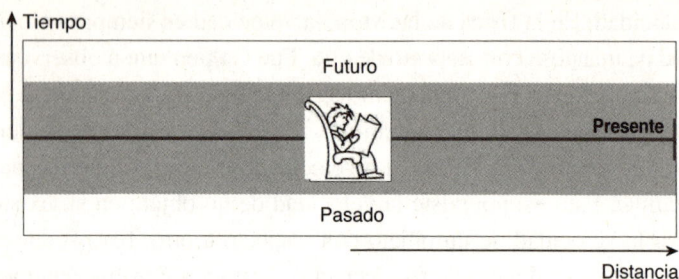

Figura 3.1 Espacio y tiempo antes de Einstein.

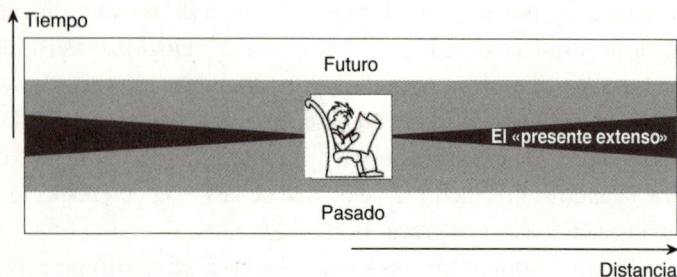

Figura 3.2 La estructura del «espacio-tiempo». Para cada observador, el «presente» extenso es la zona intermedia entre el pasado y el futuro.

que tú, lector, estás leyendo esto) existe una «zona intermedia», un «presente extenso» de este acontecimiento, una zona que no es ni pasada ni futura. Esta es la teoría de la relatividad especial.

La duración de esta «zona intermedia»,[1] que no es ni pasada ni futura respecto de nosotros en este preciso lugar y momento, es muy pequeña, y depende de la distancia a la que estemos, como muestra la figura 3.2: cuanto más lejos estemos, más durará. A una distancia de dos metros, la duración de lo que para nosotros, lector, es la «zona intermedia», ni pasada ni futura, es de algunos nanosegundos, esto es, de unas milmillonésimas partes de un segundo: nada. Mucho menos de lo que podemos percibir (el número de nanosegundos que hay en un segundo es igual

68

al número de segundos que hay en treinta años). En el otro lado del océano respecto de nosotros, la duración de esta «zona intermedia» es una milésima de segundo, aún muy por debajo de nuestro umbral de percepción del tiempo, que es el tiempo mínimo que podemos apreciar con nuestros sentidos, que es del orden de unas décimas de segundo. Pero, en la Luna, la duración del presente extenso es de varios segundos y, en Marte, de un cuarto de hora. Esto significa que en Marte hay acontecimientos que en este preciso momento ya han ocurrido, acontecimientos que aún no han ocurrido y también un cuarto de hora de acontecimientos durante el cual ocurren cosas que para nosotros no son ni pasados ni futuros.

Son otra cosa. Esta otra cosa nunca la habíamos advertido porque aquí cerca esta «otra cosa» dura muy poco y mentalmente no somos lo bastante perspicaces para percibirla. Pero existe y es perfectamente real.

Por esta razón no podemos mantener una conversación satisfactoria entre la Tierra y Marte. Si yo estoy en Marte y tú, lector, estás aquí, yo te hago una pregunta y tú me respondes en cuanto la oyes, a mí tu respuesta me llega un cuarto de hora después de haberte formulado la pregunta. Este cuarto de hora mío es un tiempo que no es ni pasado ni futuro respecto del momento en que me has contestado. El quid de la cuestión, que Einstein entendió, es que este cuarto de hora es inevitable: no hay modo alguno de abreviarlo. Está inscrito en los acontecimientos del espacio y el tiempo: no se puede abreviar, de la misma manera que no podemos enviar una carta al pasado.

Es extraño pero es así. Como es extraño que en Sídney la gente viva boca abajo con respecto a nosotros, pero es así. Nos acostumbramos y todo resulta normal y muy razonable. Así es la estructura del espacio y el tiempo.

Esto implica que no podemos decir que algo que ocurre en Marte esté ocurriendo «ahora mismo», porque no existe el «ahora mismo» (figura 3.3).[2] En términos técnicos, se dice que Einstein ha entendido que no existe la «simultaneidad absoluta», esto es, que no existen acontecimientos en el universo que existan a la vez «ahora». Nuestro «ahora» existe sólo aquí. El conjunto de los acontecimientos del universo no puede describirse correctamente como una sucesión de presentes, uno tras otro; tiene una estructura más complicada, como en la figura 3.2. La figura ilustra lo que en física se llama «espacio-tiempo»: el conjunto del pasado y del futuro respecto de un hecho, pero también de lo que no es «ni pasado ni futuro», de lo que no es un instante, sino un lapso de tiempo que dura.

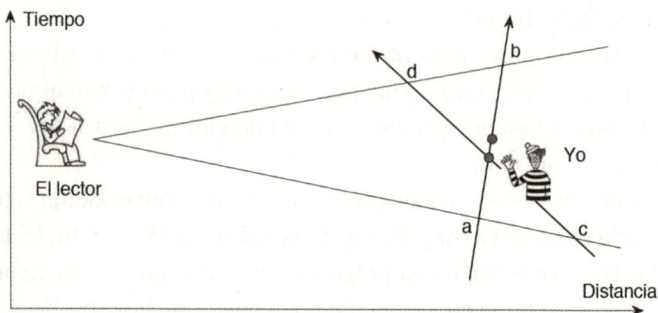

Figura 3.3 La relatividad de la simultaneidad.

En la galaxia de Andrómeda, la duración de este «presente extenso» respecto de nosotros es de dos millones de años. Todo lo que ocurre durante estos dos millones de años no es ni pasado ni futuro respecto de nosotros. Si en Andrómeda viviera una civilización avanzada y amiga que en un momento dado enviara unas naves espaciales a visitarnos, no tendría ningún sentido preguntarse ahora si las naves han partido ya o aún no. La única pregunta con sentido sería cuándo podríamos recibir la primera señal de esas naves.

¿Qué consecuencias concretas tiene el descubrimiento de esta estructura espacio-temporal que hizo el joven Einstein en

70

1905? Consecuencias directas en nuestra vida cotidiana, prácticamente ninguna. Pero consecuencias indirectas, sí, y muy importantes. El hecho de que espacio y tiempo estén íntimamente unidos, como en la figura 3.2, implica una sutil y completa revisión de la mecánica de Newton, revisión que Einstein lleva a cabo rápidamente entre 1905 y 1906. Un primer resultado de esta revisión es sólo formal: así como espacio y tiempo se funden en un único concepto, del mismo modo, en la nueva mecánica, el campo eléctrico y el campo magnético se funden en un concepto único también, que hoy llamamos «campo electromagnético». Las complicadas ecuaciones que Maxwell formulara para los dos campos resultan sencillísimas en este nuevo lenguaje.

Pero el resultado que tiene consecuencias muy serias es otro. De la misma manera que espacio y tiempo y campo eléctrico y campo magnético se funden, en la nueva mecánica se funden también los conceptos de *masa* y *energía*. Hasta 1905 había *dos* principios que parecían válidos en la naturaleza: la conservación de la masa y la conservación de la energía. La primera la habían constatado los químicos en todos los procesos. La segunda se deducía directamente de las ecuaciones de Newton y se consideraba una de las leyes más generales e inviolables. Pero Einstein se da cuenta de que energía y masa son sólo dos caras de la misma entidad, como el campo eléctrico y el magnético son dos caras del mismo campo, e igual que espacio y tiempo son dos aspectos de lo mismo, el espacio-tiempo. Y comprende que la masa, por sí sola, no se conserva, como tampoco se conserva, por sí sola, la energía (la energía como se concebía entonces). Una se puede transformar en la otra: existe *una sola* ley de conservación, no dos. Lo que se conserva es la suma de masa y energía, no cada una de ellas por separado. En otras palabras: deben de existir procesos que transforman la masa en energía y la energía en masa.

Un rápido cálculo permite a Einstein saber cuánta energía se obtiene transformando un gramo de masa. El resultado, expresado en la famosa fórmula $E = mc^2$, es importante: la energía en la que se transforma un gramo de masa es enorme, es una energía igual a la de millones de bombas que explotaran a la vez, una energía suficiente para iluminar las ciudades y hacer funcionar las fábricas de un país durante meses... o para destruir en un segundo cientos de miles de vidas humanas en una ciudad como Hiroshima.

Las especulaciones teóricas del joven Einstein habían llevado a la humanidad a una nueva era: la era de la energía nuclear. Una era de posibilidades nuevas y peligros nuevos. Hoy, gracias a la inteligencia de un muchacho rebelde que no soportaba las reglas, contamos con los instrumentos para iluminar las casas de los diez mil millones de seres humanos que pronto habitaremos este planeta, para viajar por el espacio a otras estrellas o para destruirnos unos a otros y acabar con el planeta. Depende de lo que elijamos y de los gobernantes que queramos que nos representen.

Hoy la estructura del espacio-tiempo descubierta por Einstein ha sido estudiada a fondo y puesta repetidamente a prueba en los laboratorios y se da por demostrada. Tiempo y espacio son un poco distintos de como se pensaba que eran desde Newton en adelante. La diferencia es que no existe «el espacio» solo. Dentro del «espacio extenso» de la figura 3.2 no hay un «trecho» particular que tenga más derecho que los demás a ser llamado «el espacio de ahora». Nuestra idea intuitiva de «presente», el conjunto de todas las cosas que están ocurriendo «ahora» en el universo, es el efecto de nuestra ceguera: de nuestra incapacidad para reconocer pequeños intervalos de tiempo.

El presente es como lo plano de la Tierra: si creímos que la Tierra era plana es porque, a causa de lo limitado de nuestros sentidos y de nuestra capacidad de movimiento, no veíamos mucho más allá de nuestras narices. Si hubiéramos vivido en un asteroide de un kilómetro de diámetro, enseguida nos habríamos dado cuenta de que estábamos sobre una esfera. Si nuestro cerebro y nuestros sentidos hubieran sido más finos y hubiéramos distinguido con facilidad espacios de tiempo del orden de nanosegundos, nunca habríamos llegado a concebir la idea de un «presente» válido para todas partes y enseguida habríamos advertido que entre el pasado y el futuro existe esa zona intermedia. Nos habríamos dado cuenta de que decir «aquí y ahora» tiene sentido, pero decir «ahora» para referirnos a hechos que «están pasando en este momento» en todo el universo es algo que no lo tiene. Es como preguntar si nuestra galaxia está «más arriba o más abajo» que la galaxia de Andrómeda: es una pregunta que carece de sentido porque «más arriba» o «más abajo» sólo tiene sentido dicho de dos cosas que estén en la superficie de la Tierra, no de dos objetos arbitrarios que estén en el universo. No siempre hay un «más arriba» y un «más abajo» entre dos objetos cualesquiera que se hallen en el universo. No siempre hay un «antes» y un «después» entre dos acontecimientos cualesquiera que ocurran en el universo.

Cuando la revista *Annalen der Physik* publicó el artículo de Einstein en el que se explicaban estas cosas, el mundo de la física quedó conmocionado. Las aparentes contradicciones entre las ecuaciones de Maxwell y la física newtoniana eran bien conocidas, pero nadie sabía cómo resolverlas. La solución de Einstein, pasmosa y elegantísima, pilló a todo el mundo desprevenido. Se cuenta que, en la penumbra de las antiguas aulas de la Universidad de Cracovia, un austero profesor de física salió de su despacho agitando el artículo de Einstein y gritando: «¡Ha nacido el nuevo Arquímedes!».

Pese al clamor que suscitó la teoría de la relatividad especial de 1905, no es el mayor triunfo de Einstein. Su verdadero logro es la segunda teoría de la relatividad, la teoría de la *relatividad general*, publicada diez años después, cuando Einstein tenía treinta y cinco.

La «relatividad general» es la teoría física más bella de todos los tiempos, el primero de los dos pilares de la gravedad cuántica y uno de los asuntos fundamentales de este libro. Aquí, querido lector, empieza la verdadera magia de la nueva física del siglo XX.

La más bella de las teorías

La publicación de la teoría de la relatividad especial dio gran renombre a Einstein, que empezó a recibir ofertas de trabajo de distintas universidades. Pero algo lo turba: la relatividad especial no cuadra con lo que sabemos de la gravedad. Se percata de ello escribiendo una reseña sobre su teoría y se pregunta si la vetusta y enfática «gravitación universal» del gran padre Newton no debería ser revisada también, para hacerla compatible con la nueva relatividad.

El origen del problema es muy fácil de entender: Newton había querido explicar por qué caen las cosas y los planetas dan vueltas. Había imaginado una «fuerza» que tira de los cuerpos: la «fuerza de la gravedad». No se sabía cómo podía esta fuerza tirar de las cosas desde lejos, sin que mediara nada: el propio Newton, como hemos visto, sospechaba que faltaba algo en la idea de una fuerza que actúa a distancia entre cuerpos que no se tocan, y que, para que la Tierra atraiga a la Luna, tiene que haber algo entre ellas que transmita la fuerza. La solución la encontró Faraday doscientos años después, pero no para la fuerza de la gravedad, sino para la fuerza eléctrica y magnética, cuando descubrió los campos. El campo eléctrico y el magnético «transportan» la fuerza eléctrica y magnética.

Así las cosas, es evidente, para cualquier persona razonable, que también la fuerza de la gravedad ha de tener sus líneas de Faraday. Es evidente, por analogía, que también la fuerza de atracción entre el Sol y la Tierra, y entre la Tierra y los objetos que caen, debe de ser atribuida a un «campo», esta vez a un «campo gravitatorio». La solución hallada por Faraday y Maxwell a la cuestión de qué es lo que «transporta» la fuerza debe de aplicarse no sólo a la electricidad, sino también a la vieja fuerza de la gravedad. Debe de haber un campo gravitatorio y ecuaciones parecidas a las de Maxwell que expresen cómo se mueven las «líneas de Faraday gravitatorias». Esto es algo que, a principios de siglo, tienen claro todas las personas suficientemente razonables, es decir, que sólo tiene claro Einstein.

Einstein, fascinado desde niño por el campo electromagnético, que hacía girar los rotores de las centrales eléctricas que su padre construía, se pone a investigar cómo puede ser el «campo gravitatorio» y qué ecuaciones son capaces de expresarlo. Se zambulle en la cuestión. Necesitará diez años para resolverla. Una década de estudios frenéticos, de intentos, de errores, de confusión, de ideas luminosas, de ideas equivocadas, de una larga serie de artículos publicados con ecuaciones equivocadas, errores y estrés. Hasta que, por fin, en noviembre de 1915, da a la imprenta un artículo con la solución completa: una nueva teoría de la gravedad, a la que llama «Teoría de la relatividad general», su obra maestra. Lev Landau, el mayor físico teórico de la Unión Soviética, la llamó «la más bella de las teorías».

El motivo de la belleza de la teoría es fácil de entender. En lugar de limitarse a inventar la forma matemática del campo gravitatorio y adivinar sus ecuaciones, Einstein aborda otra gran cuestión sin resolver que yace en lo más profundo de la teoría de Newton.

Newton había vuelto a la idea de Demócrito según la cual los cuerpos se mueven en el *espacio*. El *espacio* debía de ser un gran recipiente vacío, una especie de gran caja para el universo, por la cual los objetos se mueven en línea recta hasta que una fuerza los curva. Pero ¿de qué está hecho este «espacio», recipiente del mundo? ¿Qué es el espacio?

A nosotros, la idea de espacio nos parece bastante sencilla, pero es porque estamos acostumbrados a la física de Newton, que nos la hace sencilla. Si lo pensamos bien, el espacio vacío no forma parte de nuestra experiencia. De Aristóteles a Descartes, esto es, durante dos milenios, la idea democrítea de un espacio como entidad distinta, separada de las cosas, nunca se había tenido por razonable. Para Aristóteles, igual que para Descartes, las cosas son extensas, pero la extensión es una propiedad de las cosas: no existe extensión sin algo extenso. Si quito el agua de un vaso, entrará aire. ¿Alguien ha visto alguna vez un vaso realmente vacío?

Si entre dos cosas no hay *nada*, razonaba Aristóteles, es que no hay nada. ¿Cómo va a haber nada y al mismo tiempo algo, el espacio? ¿Qué es ese «espacio vacío» en cuyo interior se mueven las partículas? ¿Es algo o no es nada? Si no es nada, entonces no existe, y podemos prescindir de él. Si es algo, ¿cómo va a tener la única propiedad de estar ahí sin hacer nada?

Desde la Antigüedad, la idea de un espacio vacío, que a la vez es algo y no es nada, había inquietado a los pensadores. Demócrito, que había hecho del espacio vacío por el que se mueven los átomos el fundamento de su mundo, no fue lo que se dice claro como el agua cuando trató la cuestión: dijo que este espacio era algo que estaba «entre el ser y el no ser»: «Demócrito postuló el lleno y el vacío como principios, y llamó a uno el "Ser" y al otro el "No Ser"».[3] El ser eran los átomos, el espacio era el «no ser». Un no ser que, sin embargo, es. Más oscuro no se puede ser.

Newton, que recuperó el espacio democríteo, trató de arreglar la cosa diciendo que el espacio era el *sensorium* de Dios. Pero nadie ha entendido nunca bien lo que Newton quería decir con *sensorium* de Dios, seguramente ni siquiera él mismo. Y a Einstein, que creía más bien poco en Dios, tuviera o no *sensorium*, si no era para usarlo en bonitas frases efectistas, la explicación no lo convencía en absoluto.

A nosotros nos es familiar la idea newtoniana de espacio, pero, como en otro tiempo la idea de la Tierra redonda, al principio desconcertó a muchos. A Newton le había costado no poco vencer la resistencia que inspiraba la recuperada concepción democrítea del espacio: al principio nadie lo tomó en serio. Sólo la eficacia extraordinaria de sus ecuaciones, que permitían hacer siempre predicciones acertadas, acabó acallando las críticas. Pero las dudas de los filósofos sobre lo razonable de la noción newtoniana de espacio persistían, y Einstein, que leía a los filósofos, lo sabía. Un filósofo que insistió mucho en las dificultades conceptuales del concepto newtoniano de espacio, y cuya influencia Einstein reconoció siempre, es Ernst Mach: el mismo que no creía en los átomos. Buen ejemplo de cómo una misma persona puede ser ciega para unas cosas y clarividente para otras.

Einstein retoma, pues, no uno, sino dos problemas. Primero: ¿cómo describir el campo gravitatorio? Segundo: ¿qué es el espacio de Newton?

Y así fue como Einstein tuvo una idea genial, una de las ideas que más han hecho avanzar el pensamiento humano: ¿y si el campo gravitatorio fuera precisamente el espacio de Newton, que tan misterioso parece? ¿Y si el espacio de Newton no fuera otra cosa que el campo gravitatorio?

Esta idea, sencilla, bellísima, luminosa, es la teoría de la relatividad general.

El mundo no está hecho de espacio + partículas + campo electromagnético + campo gravitatorio. El mundo está hecho solamente de partículas y campos, nada más; no es necesario añadir el espacio como ingrediente adicional. El espacio de Newton *es* el campo gravitatorio. O, viceversa, que es lo mismo, el campo gravitatorio *es* el espacio (figura 3.4).

Sólo que, a diferencia del espacio de Newton, que es plano y está quieto, el campo gravitatorio, siendo un campo, se mueve

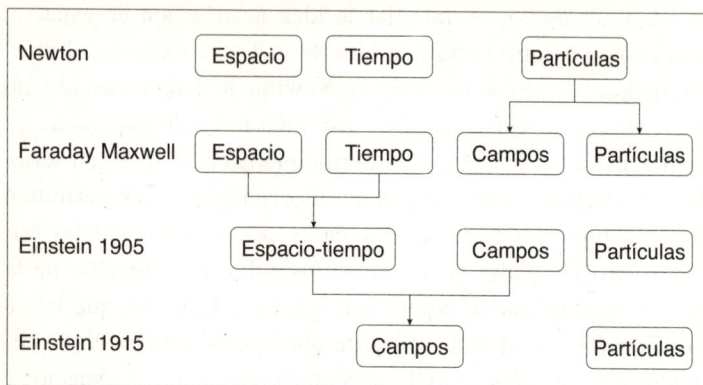

Figura 3.4 ¿De qué está hecho el mundo?

y se ondula y está sujeto a ecuaciones: como el campo de Maxwell, como las líneas de Faraday.

Es una simplificación impresionante del mundo. El espacio ya no es algo distinto de la materia. Es uno de los componentes «materiales» del mundo, es el hermano del campo electromagnético. Es una entidad real, que se ondula, se pliega, se curva, se retuerce.

No estamos contenidos en un invisible recipiente rígido: estamos inmersos en un gigantesco molusco flexible (la metáfora es de Einstein). El Sol pliega el espacio que lo rodea y la Tierra no gira a su alrededor porque de ella tira desde lejos una fuerza misteriosa, sino porque se mueve en línea recta por un espacio que se curva. Como una canica que gira dentro de un embudo: no hay fuerzas misteriosas generadas por el centro del embudo, son las paredes curvas las que hacen que la canica de vueltas. Los planetas giran alrededor del Sol y las cosas caen porque el espacio que los rodea está curvado (figura 3.5).

Más precisamente, lo que se curva no es el espacio, sino el espacio-tiempo, que diez años antes Einstein mismo había mostrado que era un todo estructurado y no una sucesión de tiempos.

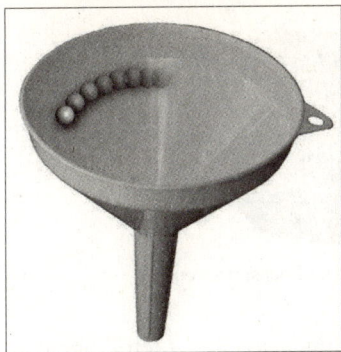

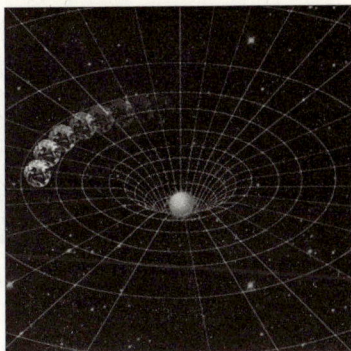

Figura 3.5. La Tierra gira alrededor del Sol porque el espacio-tiempo que rodea al Sol es curvo. Es como una canica que gira por las paredes curvas de un embudo.

Esta era la idea. La cuestión que ahora se le planteaba a Einstein era encontrar las fórmulas que la concretaran. ¿Cómo expresar este curvarse del espacio-tiempo?

El matemático más grande del siglo XIX, Carl Friedrich Gauss, el «príncipe de los matemáticos», había concebido las matemáticas que expresaban las superficies curvas bidimensionales, como la superficie de las colinas, o como la representada en la figura 3.6.

Luego le había pedido a un aventajado alumno suyo que las hiciera extensivas a espacios curvos de tres o más dimensiones. El alumno, Bernhard Riemann, había escrito una laboriosa tesis doctoral, de esas que parecen completamente inútiles. El resultado fue cierto objeto matemático que hoy llamamos la «curvatura de Riemann» e indicamos con R_{ab}, que expresa las propiedades de un espacio (o espacio-tiempo) curvo, en cualquier dimensión. Si nos imaginamos un paisaje de llanuras, colinas y montañas, la curvatura R_{ab} del suelo es cero en las llanuras, que son planas y «sin curvatura», es distinta de cero en los valles y colinas, y es máxima en los picos de las montañas, donde el suelo es menos plano y más «curvo». En la tesis de Riemann se expresan del

79

Figura 3.6 Una superficie (bidimensional) curva.

mismo modo espacios curvos tridimensionales y tetradimensionales.

Einstein aprende con mucho trabajo las matemáticas de Riemann, pidiéndole a amigos que saben más matemáticas que él que se las expliquen, y escribe una ecuación según la cual la curvatura de Riemann R_{ab} del espacio-tiempo es proporcional a la energía de la materia. Esto es: el espacio-tiempo se curva más donde más materia hay. Eso es todo. Esta ecuación es el equivalente de las ecuaciones de Maxwell, pero aplicada a la gravedad en lugar de a la electricidad. La ecuación ocupa medio renglón, no hay nada más. Una visión y una ecuación.

Pero esta ecuación contiene un universo radiante. Y permite ver la riqueza mágica de esta teoría: una sucesión fabulosa de predicciones que parecen los delirios de un loco. Todavía a principios de los años ochenta casi nadie se tomaba completamente en serio la mayor parte de estas predicciones rocambolescas. Sin embargo, la experiencia ha ido confirmándolas una tras otra. Veamos algunas.

Lo primero que hace Einstein es calcular el efecto de una masa como el Sol en la curvatura del espacio que lo rodea y el efecto de dicha curvatura en el movimiento de los planetas. Halla el movimiento de los planetas previsto por Kepler y por las ecuaciones de Newton, pero no es exactamente el mismo: en las cercanías del Sol, el efecto de la curvatura del espacio es más fuerte que el efecto de la fuerza de Newton. Einstein calcula, en concreto, el movimiento del planeta Mercurio, que es el más próximo al Sol, y por tanto aquel en el que la divergencia entre las predicciones de su teoría y las de la teoría de Newton es mayor, y encuentra una diferencia: el punto de la órbita de Mercurio más cercano al Sol se desplaza cada año 0,43 segundos de arco más de lo que prevé la teoría de Newton. Es una diferencia pequeña, pero entra dentro de lo que los astrónomos pueden medir y, comparando las predicciones con las observaciones de estos, el veredicto es inequívoco: Mercurio sigue la trayectoria marcada por la relatividad general y no la marcada por la fuerza de Newton. El veloz mensajero de los dioses, el dios del calzado con alas, le da la razón a Einstein y no a Newton.

La ecuación de Einstein, además, describe cómo se curva el espacio muy cerca de una estrella. A causa de esta curvatura, la luz se desvía. Einstein predice que el Sol desvía la luz. En 1919 se realiza la medición y se calcula una desviación de la luz que equivale exactamente a la cantidad prevista.

Pero no sólo se curva el espacio, sino también el tiempo. Einstein predice que el tiempo en la Tierra transcurre más rápido en un lugar alto y más lento en un lugar bajo. Se mide y resulta que es verdad. Hoy disponemos de relojes muy precisos, en muchos laboratorios, y es posible medir este extrañísimo efecto con desniveles de pocos centímetros. Ponga el lector un reloj en el suelo y otro en la mesa: el del suelo mide menos tiempo pasado que el de la mesa. ¿Por qué? Porque el tiempo no es algo universal y fijo, sino que se alarga y se acorta según la presencia de masas próximas: la Tierra, como todas las masas, distorsiona el espaciotiempo y lo hace más lento en sus proximidades. Dos gemelos que hayan vivido uno en el mar y otro en la montaña verán, cuando se encuentren, que uno es un poco más viejo que el otro (figura 3.7).

Figura 3.7 Dos gemelos pasan tiempo uno en el mar y otro en la montaña. Cuando se encuentran, el gemelo que ha vivido en la montaña es más viejo. Esta es la dilatación gravitatoria del tiempo.

Esto permite dar una nueva explicación de por qué las cosas caen. Si miramos en un mapamundi la ruta de un avión que vuele de Roma a Nueva York, veremos que no es recta: el avión describe un arco hacia el norte. ¿Por qué? Porque, como la tierra es curva, pasar más al norte es más corto que seguir el mismo paralelo. Las distancias entre los meridianos son más cortas en el norte, luego conviene subir hacia el norte para «ganar tiempo» (figura 3.8).

Una pelota arrojada hacia arriba cae por el mismo motivo: «gana tiempo» pasando por arriba porque arriba el tiempo pasa a velocidad diferente. En ambos casos, avión y pelota recorren una trayectoria «recta» en un espacio (o espacio-tiempo) curvo (figura 3.9).[4]

Pero las predicciones van mucho más allá de estos efectos menudos. Todas las estrellas acaban apagándose cuando han quemado el hidrógeno que contienen: el combustible que hace que ardan. El material que queda deja de ser sostenido por la presión del calor y se aplasta bajo su propio peso. Cuando esto le ocurre a

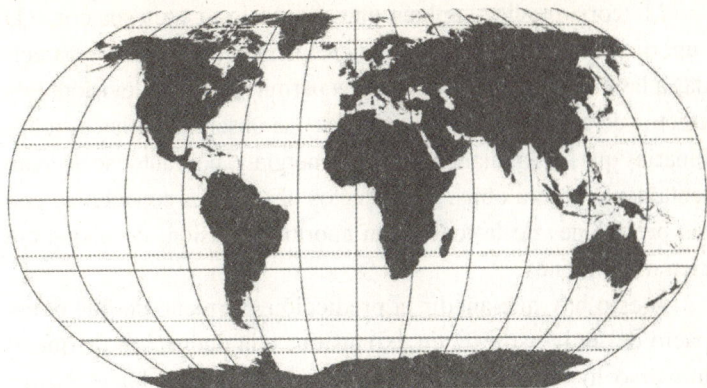

Figura 3.8 Más al norte, la distancia entre dos longitudes se acorta.

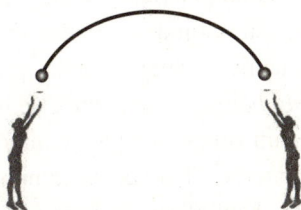

Figura 3.9 Más arriba, el tiempo pasa más rápido.

una estrella lo suficientemente grande, la materia se aplasta muchísimo y el espacio se curva tanto que se hunde, formando un verdadero agujero. Así nacen los agujeros negros.

Cuando yo iba a la universidad, los agujeros negros se consideraban consecuencias poco creíbles de una teoría esotérica. Hoy se observan a cientos en el espacio y los astrónomos los estudian con todo detalle. En el centro de nuestra galaxia hay uno de estos agujeros negros, con una masa aproximadamente un millón de veces mayor que la de nuestro Sol, y podemos observar estrellas que orbitan a su alrededor y cómo su gravedad va desmenuzando a las que pasan cerca.

La teoría predice también que el espacio se encrespa como la superficie del mar y que estos encrespamientos son ondas parecidas a las electromagnéticas que nos permiten ver la televisión. Los efectos de estas «ondas gravitatorias» se observan en las estrellas binarias que, al irradiarlas, pierden energía y, por tanto, se acercan lentamente unas a otras.[5] Los efectos observados concuerdan con las previsiones de la teoría con enorme precisión: de uno sobre cien mil millones.

A esto hay que añadir la predicción, correcta, de que el espacio del universo está en expansión, y la deducción de que el universo lo originó una gran explosión cósmica hace catorce mil millones de años, de la que hablaré detalladamente dentro de poco...

Toda esta fenomenología rica y compleja —desviación de los rayos de luz, modificación de la fuerza de Newton, ralentización de los relojes, agujeros negros, ondas gravitatorias, expansión del universo, *big bang*...— se deduce de haber comprendido que el espacio no es un simple recipiente inmóvil, sino que tiene también, como la materia y los demás campos que contiene, su dinámica, su «física». Seguro que Demócrito se habría reído con gusto si hubiera sabido que la existencia de su «espacio» iba a tener un futuro tan impresionante. Es verdad que él lo llamaba «no ser», pero lo que entendía por «ser» (δέν) era la materia; para él, el «no ser», el vacío, «posee cierta física (φύσιν) y su propia subsistencia».[6]

Sin la noción de campo introducida por Faraday, sin el espectacular poder de las matemáticas, sin la geometría de Gauss y de Riemann, esa «cierta física» resulta muy vaga. Valiéndose de los instrumentos conceptuales nuevos y de las matemáticas, Einstein formula las ecuaciones que la expresan y halla, en el seno de la «cierta física» del vacío democríteo, un mundo pasmoso y variopinto, donde explotan universos, el espacio se hunde y forma agujeros sin salida, el tiempo transcurre más lento a ras de suelo y las interminables extensiones de espacio interestelar se encrespan como la superficie del mar...

Todo esto parece, a primera vista, «una fábula contada por un idiota en un acceso de rabia», pero es sólo una mirada a la realidad algo menos empañada que la que tenemos en nuestra ofuscada cotidianidad. Una realidad que parece también hecha de la materia de la que están hechos los sueños, pero que es más real que nuestro neblinoso sueño diario. Y es sólo el resultado de una intuición elemental: el espacio-tiempo y el campo gravitatorio son una y la misma cosa. Y de una ecuación simple, que no me resisto a no consignar, aunque mis veinticinco lectores no puedan descifrarla... Quisiera, sin embargo, que vean al menos lo simple que es.

$$R_{ab} - \tfrac{1}{2}Rg_{ab} + \Lambda g_{ab} = 8\pi G\, T_{ab}$$

En 1915, la ecuación era aún más simple, porque aún no figuraba el término $+ \Lambda g_{ab}$, que Einstein añadió dos años después y del que hablaré más adelante.[7] R_{ab} depende de la curvatura de Riemann y con Rg_{ab} representa la curvatura del espacio-tiempo; T_{ab} representa la energía de la materia; G es la misma constante que había encontrado Newton, la constante que determina la fuerza de la fuerza de la gravedad.

Y ya está. Una visión y una ecuación.

¿Matemáticas o física?

Antes de continuar con la física, quisiera detenerme un momento para hacer algunas consideraciones sobre las matemáticas. Einstein no era un gran matemático. Al contrario, las matemáticas se le atragantaban. Él mismo lo dice. En 1943 le contesta así a una niña de nueve años llamada Barbara que le escribe diciéndole que tiene dificultades con esta asignatura: «No te preocupes, te aseguro que a mí las matemáticas me resultan mucho más difíciles que a ti».[8] Parece que lo diga en broma, pero no es así. Con las matemáticas necesitaba ayuda y pedía que se la explicaran a sus pacientes compañeros de estudios y amigos, como Marcel Grossmann. Lo que era prodigioso era su intuición física.

El año en que acabó de construir su teoría tuvo que competir con David Hilbert, uno de los grandes matemáticos de la historia. Einstein había dado una conferencia en Gotinga a la que había asistido Hilbert, el cual comprendió enseguida que Einstein estaba a punto de realizar un gran descubrimiento y se puso a trabajar con la intención de anticipársele y formular las ecuaciones de la teoría antes que él. La etapa final de la carrera de los dos gigantes fue emocionantísima y se resolvió en cuestión de días: Einstein, en Berlín, daba una conferencia por semana y en cada una de ellas presentaba ecuaciones distintas, por miedo a que Hilbert lo hiciera antes. Las ecuaciones siempre estaban equivocadas. Al final ganó Einstein por los pelos y fue quien dio con las ecuaciones correctas.

Hilbert, todo un caballero, nunca puso en duda la victoria de Einstein, aunque estaba trabajando en las mismas ecuaciones. Al contrario, dejó escrita una frase amable y preciosa, que resume muy bien la difícil relación que existía entre Einstein y las matemáticas, o quizá entre la física misma y las matemáticas. Las matemáticas que se necesitaban para hacer la teoría eran las de la geometría tetradimensional y Hilbert escribe: «Cualquier chiquillo de Gotinga[9] entiende la geometría tetradimensional mejor que Einstein. Pero ha sido Einstein el que ha terminado el trabajo, no los matemáticos».

¿Por qué? Porque Einstein tenía una capacidad única para *imaginar* cómo podía ser el mundo, para «verlo» en su mente. Las ecuaciones, para él, venían después; eran el lenguaje con que concretaba su capacidad de imaginar la realidad. La teoría de la relatividad general, para Einstein, no es un conjunto de ecuaciones: es una imagen mental del mundo, luego trabajosamente traducida a ecuaciones.

La idea de la teoría es sencillamente que el espacio-tiempo se curva. Si el espacio-tiempo físico tuviera sólo dos dimensiones y nosotros viviéramos en un plano, sería fácil imaginar lo que quiere decir que el «espacio físico se curva». Querría decir que el espacio físico donde vivimos no es como un gran tablero liso, sino una superficie con montañas y valles. Pero el mundo en que vivimos no tiene dos dimensiones, sino tres o, mejor dicho, cuatro, con el tiempo. Imaginar un espacio de cuatro dimensiones que se curva ya es más complicado, porque en nuestra intuición común no tenemos la intuición de un «espacio más grande» en cuyo interior el espacio-tiempo físico pueda curvarse. Pero la imaginación de Einstein sí intuye fácilmente la medusa cósmica en que estamos inmersos, una medusa que puede aplastarse, estirarse y retorcerse, y que constituye el espacio-tiempo que nos rodea. Gracias a esta claridad visionaria fue Einstein quien primero construyó la teoría.

Al final sí hubo cierta tensión entre Hilbert y Einstein. Unos días antes de que Einstein hiciera pública su ecuación (la consignada al final del apartado anterior), Hilbert había enviado a una revista un artículo en que mostraba que estaba a un paso de la misma solución, y aún hoy los historiadores de la ciencia dudan sobre la respectiva aportación de los dos gigantes. Por un tiempo existe cierta frialdad entre ellos y Einstein teme que Hilbert, mayor y más poderoso que él, se atribuya demasiado mérito en la construcción de la teoría. Pero Hilbert nunca reivindicó la precedencia del descubrimiento de la relatividad general y, en un mundo como el científico, en el que muchas veces —demasiadas— disputas de precedencia acaban emponzoñando las relaciones, ambos dieron un bellísimo ejemplo de sabiduría y distendieron el ambiente: Einstein escribió una carta preciosa a Hilbert que trasluce el sentimiento profundo de su propia trayectoria:

Ha habido un momento en el que ha surgido entre nosotros algo como un malhumor, cuyo origen no quiero volver a analizar. He combatido la amargura que eso me ha causado y lo he hecho con éxito. De nuevo pienso en usted con una amistad sin nubes y le pido que haga lo mismo conmigo. Es una lástima que dos compañeros como nosotros, que han conseguido abrir un camino lejos de la mezquindad del mundo, no puedan pensar el uno en el otro sin regocijo.[10]

El cosmos

Dos años después de publicar sus ecuaciones, Einstein decide aplicarlas al espacio de todo el universo, considerado a una escala vastísima. Y tiene otra de sus geniales ideas.

Durante milenios, los hombres se habían preguntado si el universo era infinito o tenía un límite. Ambas hipótesis son peliagudas. Un universo infinito no parece razonable: si es infinito, en algún lugar habrá necesariamente otra persona como tú, lector, que estará leyendo este mismo libro, por ejemplo (el infinito es muy grande y no hay bastantes combinaciones de átomos para llenarlo de cosas diferentes). Es más, habrá no sólo uno, sino una serie infinita de lectores como tú... Pero si tiene un límite, ¿qué es ese límite? ¿Qué sentido tiene un límite si no hay nada al otro lado? Ya en el siglo v a.C. el filósofo pitagórico Arquitas de Tarento había escrito:

Si me hallara en el último cielo, el de las estrellas fijas, ¿podría o no podría extender la mano o una vara más allá de él? No veo por qué no podría; pero si la extiendo, entonces existirá algo fuera, sea cuerpo o espacio. Haremos lo mismo, pues, en todos los límites, uno tras otro, y volveremos a preguntarnos si podemos o no extender la vara.[11]

Desde entonces, parecía que la alternativa entre el absurdo de un espacio infinito y el absurdo de un universo limitado no tuviera solución.

Pues bien, razona Einstein, en realidad podemos nadar y guardar la ropa: el universo puede ser finito y al mismo tiempo no tener límite, del mismo modo que la superficie de la Tierra no es infinita, pero tampoco tiene un límite en el que acaba. Esto puede ocurrir, claro está, cuando algo es curvo (como la superficie de la Tierra), y el espacio de la teoría de la relatividad general es eso precisamente, curvo. Por tanto, quizá nuestro universo pueda ser finito y al mismo tiempo no tener límite.

Si echo a caminar por la superficie de la Tierra siempre recto, no llego al infinito: llego al punto de partida. Nuestro universo podría ser lo mismo: si parto con una nave espacial y viajo siempre en la misma dirección, doy la vuelta al universo y vuelvo a la Tierra. Este espacio tridimensional sin límites se llama «3-esfera» o hiperesfera.

Para entender lo que es una hiperesfera, volvamos un momento a la esfera normal: la superficie de una bola o la de la Tierra. Para representar en un plano la superficie de la Tierra podemos dibujar dos discos, como se hace habitualmente a fin de representar los continentes (figura 3.10).

Nótese que un habitante del hemisferio sur está, por decirlo así, «rodeado» por el hemisferio norte, porque se mueva hacia donde se mueva para salir de su hemisferio, siempre llegará al hemisferio norte. Y, claro, también sucede lo contrario. Cada uno de los dos hemisferios «rodea» al otro y a la vez está rodeado por él. Una hiperesfera puede representarse de manera similar, pero con una dimensión más: dos bolas pegadas por el borde (figura 3.11).

Cuando se sale de una bola se entra en la otra (de la misma manera que si se sale de uno de los dos discos del mapamundi se entra en el otro), por lo que cada una de las dos bolas «rodea» a

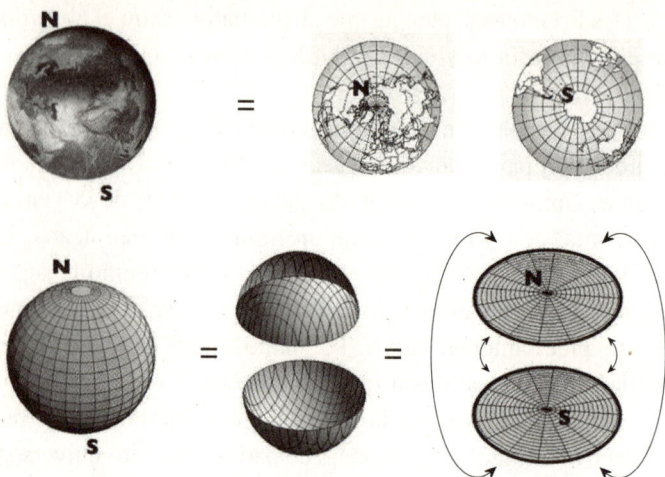

Figura 3.10 Una esfera puede representarse como dos discos pegados por el borde.

la otra y a la vez está rodeada por ella. La idea de Einstein, pues, es que el espacio podría ser una hiperesfera (la suma de los volúmenes de las dos bolas), pero sin bordes.[12] La hiperesfera es la solución que Einstein propone a la cuestión del límite del universo en su trabajo de 1917, trabajo que da inicio a la moderna cosmología, el estudio de todo el universo visible, observado a una escala vastísima. De ahí saldrán el descubrimiento de la expansión del universo, la teoría del *big bang,* la cuestión del nacimiento del universo, etcétera. De todo esto hablaré con detalle en el capítulo 8.

Antes de acabar este capítulo, quiero hacer otra observación sobre la idea de Einstein de que el universo es una hiperesfera. Por increíble que pueda parecer, la misma idea la tuvo ya otro genio en un universo cultural muy diferente: Dante Alighiere. En el *Paraíso,* Dante nos ofrece su grandiosa visión del mundo medieval, sacada del mundo de Aristóteles, con una Tierra esférica en el centro y rodeada de las esferas celestes (figura 3.12).

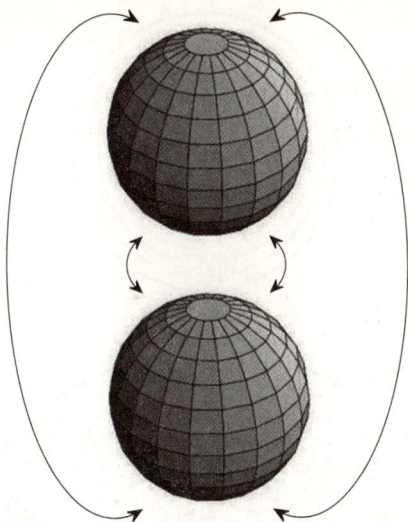

Figura 3.11 Una hiperesfera puede representarse como dos bolas pegadas por el borde.

En su fantástico viaje visionario, Dante sube por todas estas esferas con Beatriz y llega a la esfera exterior. Desde ella contempla el universo que tiene debajo, con los cielos que giran y, al fondo y en el centro, la Tierra. Pero luego mira hacia arriba, ¿y qué ve? Ve un punto de luz rodeado de inmensas esferas de ángeles, esto es, otra inmensa bola que, en palabras suyas, ¡«rodea y a la vez es rodeada» por la esfera de nuestro universo! Estos son los versos de Dante en el canto XXVII del Paraíso: «[...] a este rodean / como a los otros este; y solamente / a este círculo entiende quien lo ciñe»; y en el canto XXX, hablando también del último «círculo»: «[...] creyéndolo incluido en lo que incluye». ¡El punto de luz y las esferas de ángeles rodean el universo y a la vez son rodeados por él! Es exactamente la descripción de una hiperesfera.

Las representaciones corrientes del universo de Dante, como las de los libros de texto (o la de la figura anterior), colocan las esferas angélicas separadas de las esferas de los cielos. Pero

Jerarquías angélicas

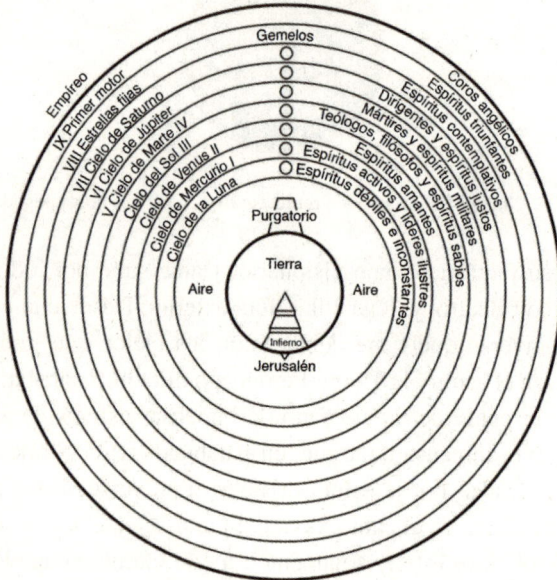

Figura 3.12 Representación tradicional del universo dantesco.

Dante dice que las dos bolas «rodean y son rodeadas» una por otra. Es decir, Dante tiene una clara intuición geométrica de lo que es una hiperesfera.[13]

El primero que observó que el *Paraíso* describe el universo como una hiperesfera fue el matemático norteamericano Mark Peterson en 1979. En general, los dantistas, lógicamente, no tienen mucha familiaridad con las hiperesferas. Hoy, cualquier físico o matemático reconoce fácilmente la hiperesfera en la descripción que hace Dante del universo.

¿Cómo pudo Dante tener una idea así, que parece tan moderna? Creo que se debió, en primer lugar, a la profunda inteligencia de nuestro sumo poeta, que es una de las causas principales de la fascinación que ejerce la *Divina comedia*. Pero también al hecho de que Dante escribía mucho antes de que Newton nos convenciera a todos de que el espacio infinito del cosmos es el espacio plano de la geometría euclidiana. La intuición de Dante estaba libre de los prejuicios de nuestra educación newtoniana.

La cultura científica de Dante se basaba principalmente en las enseñanzas de su maestro y tutor, Brunetto Latini, autor de un delicioso tratado, el *Libro del Tesoro,* una especie de enciclopedia del saber medieval escrito en una agradable mezcla de francés e italiano arcaicos. En el *Libro del Tesoro,* Brunetto explica con detalle que la Tierra es esférica. Pero lo hace —curiosamente, para un lector moderno— en términos de geometría «intrínseca», no «extrínseca». O sea, no escribe: «La Tierra es como una naranja», como la vería quien la viera por fuera, sino: «Dos jinetes que cabalgasen en sentido contrario acabarían por encontrarse en el otro lado». Y: «Un hombre que camine sin parar volvería al punto del que partió, si no lo detuvieran los mares», etcétera. Siempre adopta el punto de vista interior, no exterior; el punto de vista del que anda por la Tierra, no del que la ve desde fuera. A primera vista, parece una manera inútilmente complicada de explicar que la Tierra es una bola. ¿Por qué no dice Brunetto simplemente que la Tierra es como una naranja? Pero pensémoslo mejor: si una hormiga camina por una naranja, acabará haciéndolo boca abajo, y deberá agarrarse bien con las ventosas de sus patas para no caer. En cambio, un viajero que ande por la Tierra no se halla nunca cabeza abajo y no necesita ventosas para pegarse al suelo. Las descripciones de Brunetto no eran tan tontas.

Pues bien: alguien que haya aprendido de su maestro que la forma de la superficie de nuestro planeta es tal que caminando siempre en línea recta se vuelve al punto de partida quizá tiene fácil dar el siguiente paso e imaginar que la forma de todo el universo es tal que, volando siempre en línea recta, se vuelve al punto de partida: una hiperesfera es un espacio en el que «dos jinetes con cabalgaduras aladas que volaran en sentido contrario acabarían encontrándose al otro lado». En palabras más técnicas: la descripción de la geometría de la Tierra que da Brunetto Latini en el *Libro del Tesoro,* en términos de geometría intrínseca (vista desde dentro) y no extrínseca (vista desde fuera), es la más idónea para extrapolar la noción de «esfera» bidimensional a la de esfera tridimensional. El mejor modo de hacernos una idea de lo que es una hiperesfera es, no mirarla desde fuera, sino ver lo que pasa moviéndonos por su interior.

Hasta ahora no he querido explicar la manera que Gauss concibió para describir las superficies curvas y que Riemann generalizó para la curvatura de los espacios de tres o más dimensiones. Pero ahora puedo decirlo: en esencia, es la idea de Brunetto Latini. O sea, la idea, no de describir un espacio curvo «mirándolo desde fuera» y diciendo cómo se curva dentro de otro espacio, sino de describirlo según lo que puede medir alguien que esté *dentro* de ese espacio, que se mueva sin salir de ese espacio. Por ejemplo, la superficie de una esfera normal es —como observa Brunetto— una superficie en la que todas las líneas «rectas» vuelven al punto de partida después de haber recorrido la misma distancia (la longitud del Ecuador). Una hiperesfera es un espacio tridimensional con la misma propiedad.

El espacio-tiempo de Einstein no es curvo en el sentido de que se curva «dentro de otro espacio más grande». Es curvo en el sentido de que su geometría intrínseca, o sea, la red de distancias que separan sus puntos —que puede observarse desde *dentro* del espacio, sin necesidad de verla por fuera—, no es la misma que la de un espacio plano. Es un espacio donde no vale el teorema de Pitágoras, como tampoco vale aplicado a la superficie de la Tierra.[14]

Hay un modo de explicar la curvatura de un espacio desde dentro y sin verlo desde fuera que es importante entender para lo que sigue. Imaginemos que estamos en el Polo Norte y que, llevando una flecha apuntada hacia delante, caminamos hacia el sur hasta llegar al Ecuador. En el Ecuador nos volvemos a la izquierda sin mover la flecha, que sigue apuntando hacia el sur, ahora a nuestra derecha. Caminamos un trecho por el Ecuador en dirección este, y luego nos volvemos de nuevo hacia el norte, sin girar la flecha, que ahora apuntará hacia atrás. Cuando lleguemos de nuevo al Polo Norte habremos recorrido un circuito cerrado —un lazo o *loop*, en inglés— y la flecha no apuntará en la misma dirección que cuando salimos (figura 3.13). El ángulo que forme la flecha tras recorrer un circuito medirá la curvatura.

Más adelante volveré a hablar de la manera de medir la curvatura describiendo lazos en el espacio, cuando trate de la teoría de lazos.

Dante deja Florencia en 1301, cuando están completándose los mosaicos de la cúpula del baptisterio. El terrible (a ojos de un

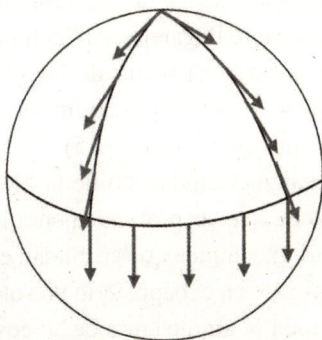

Figura 3.13 Una flecha que recorra un circuito (un *loop*) en un espacio curvo llega girada al punto de partida (recorrido paralelo).

hombre de la Edad Media) mosaico que representa el Infierno, obra de Coppo di Marcovaldo, maestro de Cimabue (figura 3.14), a menudo se ha señalado como una fuente de inspiración para Dante.

Figura 3.14 El mosaico de Coppo di Marcovaldo que representa el Infierno, en el baptisterio de Florencia.

Poco antes de empezar a escribir este libro, entré en el baptisterio con Emanuela Minnai, la amiga que me convenció de hacerlo. Al mirar arriba, se ve un punto de luz (la luz que entra por la claraboya que hay en lo alto de la bóveda) rodeado de nueve órdenes de ángeles (con los respectivos nombres: Ángeles, Arcángeles, Principados, Potestades, Virtudes, Dominaciones, Tronos, Querubines y Serafines). Es exactamente la estructura de la segunda bola del Paraíso. Si imaginamos que somos una hormiga que va por el suelo, sea cual sea la dirección que tomemos para subir por la pared, siempre llegaremos al techo y al mismo punto de luz rodeado de ángeles: el punto de luz y sus ángeles «rodean» el resto de las decoraciones interiores del baptisterio y a la vez «son rodeados» por ellas (figura 3.15).

Dante, como cualquier ciudadano de la Florencia de finales del siglo XIII, debió de quedar profundamente impresionado por la grandiosa obra arquitectónica que su ciudad estaba realizando. Creo que pudo inspirarse en el baptisterio no sólo para el *Infierno* sino también para toda la arquitectura de su cosmos. El *Paraíso* reproduce exactamente su composición, incluidos los nueve círculos de ángeles y el punto de luz, traduciendo su estructura de dos

Figura 3.15 El interior del baptisterio.

dimensiones en otra de tres. Ya su maestro, Brunetto, después de describir el universo esférico de Aristóteles, añade que más allá de él se halla lo divino, y ya la iconografía medieval había representado el paraíso como un Dios rodeado de esferas de ángeles. En realidad, lo que hace Dante es montar los fragmentos ya existentes, partiendo de la estructura interior del baptisterio, hasta componer un conjunto arquitectónico coherente que resuelve el problema antiguo de eliminar los límites del universo y prefigura con seis siglos de antelación la hiperesfera einsteiniana.

No sé si el joven Einstein conoció el *Paraíso* en sus vagabundeos por Italia, ni si la fantasía de nuestro sumo poeta ejerció una influencia directa en su intuición de que el universo podría ser finito y no tener límites. Pero haya habido o no influencia directa, creo que este es un ejemplo de cómo la gran ciencia y la gran poesía son visionarias y a veces tienen las mismas intuiciones. Nuestra cultura, que separa ciencia y poesía, es necia, porque así no ve la complejidad y belleza del mundo que ambas revelan.

Claro está que la hiperesfera de Dante no es más que una vaga intuición dentro de un sueño. La hiperesfera de Einstein cobra forma matemática y Einstein la incluye en sus ecuaciones. El efecto es muy diferente. Dante llega a conmovernos profundamente porque toca la fibra de nuestras emociones. Einstein abre un camino que nos conduce al origen del universo. Sin embargo, uno y otro son ejemplos bellísimos y significativos de hasta dónde puede volar el pensamiento.

Pero volvamos a 1917, cuando Einstein intenta incluir la idea de hiperesfera en su ecuación. Encuentra una dificultad. Está convencido de que el universo está fijo y es inmutable, pero su ecuación le dice que eso no es posible. Poco cuesta entender por qué. Dado que todo se atrae, el único modo de que un universo finito no se hunda sobre sí mismo es que se expanda, así como el único modo de evitar que un balón de fútbol caiga al suelo es darle una patada hacia arriba. O sube o baja: no puede quedarse suspendido en el aire.

Pero Einstein no se cree lo que le dicen sus mismas ecuaciones y llega a cometer absurdos errores de física (no se da cuenta de que la solución de la ecuación que está estudiando es inestable) con tal de no rendirse a la evidencia de su teoría, que indica que el universo está o contrayéndose o expandiéndose. Al final se da por vencido: tiene razón su teoría. Por los mismos años, en efecto, los astrónomos observan que todas las galaxias se alejan de nosotros. El universo se expande, en efecto, como predicen las ecuaciones de Einstein. Esas ecuaciones nos dicen cómo empezó esta expansión. Hace catorce mil millones de años, el universo debía de estar concentrado casi en un único punto, muy caliente, y empezó a dilatarse a consecuencia de una enorme explosión cósmica. Es el llamado *big bang*, la «gran explosión».

Una vez más, al principio nadie se lo creyó. Einstein mismo se mostró reacio a aceptar estas consecuencias extremas de su teoría. Modificó sus ecuaciones para evitarlas. El factor Λg_{ab}, que figura en la ecuación que consignábamos al final del apartado antes mencionado, lo añadió por eso. Pero Einstein se equivocaba: el factor añadido es exacto, mas no evita la consecuencia de que el universo se expanda.

Hoy sabemos que la expansión es real. La prueba definitiva de que el escenario previsto por las ecuaciones de Einstein es real llega en 1964, cuando dos radioastrónomos estadounidenses, Arno Penzias y Robert Wilson, descubren por casualidad una radiación extendida por todo el universo y que resulta ser lo que queda del gran calor inicial. Una vez más, la teoría se revela correcta incluso en sus previsiones más asombrosas.

Hay obras maestras absolutas que nos emocionan profundamente, el *Réquiem* de Mozart, la *Odisea,* la Capilla Sixtina, el *Rey Lear...* Llegar a apreciar su esplendor puede requerir un aprendizaje largo. Pero el premio es contemplar la pura belleza, que nuestros ojos se abran al mundo con una mirada nueva. La relatividad general, la joya de Einstein, es una de esas obras maestras.

Se necesita un periodo de aprendizaje para entender las matemáticas de Riemann y dominar la técnica con que leer completamente la ecuación de Einstein. Se necesita esfuerzo y dedicación, pero menos de los necesarios para apreciar la belleza sutil de los últimos cuartetos de Beethoven. Tanto en un caso como en el otro, el esfuerzo, una vez hecho, merece la pena: ciencia y arte nos enseñan algo nuevo sobre el mundo porque nos dan nuevos ojos para mirarlo, para ver su profundidad, su belleza. La gran física es como la gran música: habla directamente al corazón y nos abre los ojos a la belleza, a la profundidad, a la simplicidad de las cosas.

Recuerdo la emoción que sentí cuando empecé a entenderlo. Era verano. Estaba en una playa de Calabria, en Condofuri, bañado por el sol del Mediterráneo heleno, el último año de universidad. Estudiaba un libro roído por los ratones, porque lo había usado para tapar por la noche las madrigueras de estas bestezuelas, en la casa destartalada y algo hippy de los montes umbros a la que iba a refugiarme escapando del tedio de las clases universitarias de Bolonia. De vez en cuando alzaba los ojos del libro y miraba el centelleo del mar: me parecía ver curvarse el espacio y el tiempo imaginados por Einstein. Era como una magia: como si un amigo me susurrara al oído una extraordinaria verdad oculta y de pronto descorriera un velo y me mostrara una realidad más simple y profunda.

Desde que sabemos que la Tierra es redonda y da vueltas como una peonza, entendemos que la realidad no es lo que parece. Cada vez que vemos una porción nueva de ella, nos emocionamos. Es otro velo que se descorre. El espacio-tiempo es un campo, el mundo está hecho de campos y de partículas y nada más, sin que haya nada separado, ni el tiempo ni el espacio (figura 3.16). El salto dado por Einstein es un salto probablemente sin parangón.

En 1953, un escolar escribe a Albert Einstein: «Estamos estudiando el universo. A mí me interesa mucho el espacio. Quería darle las gracias por todo lo que ha hecho para que podamos entenderlo».[15]

Yo siento lo mismo que ese escolar.

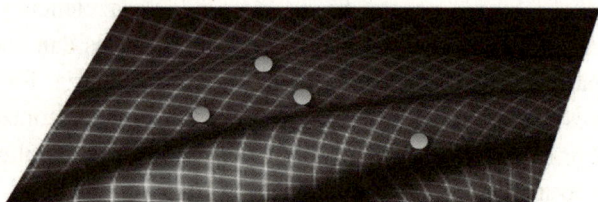

Figura 3.16 El mundo de Einstein: partículas y campos que se mueven sobre otros campos.

Los dos pilares de la física del siglo xx, relatividad general y mecánica cuántica, no podrían ser más distintos. La relatividad general es una gema compacta: concebida por una sola mente, basada en el esfuerzo de combinar los descubrimientos anteriores; es una visión simple y coherente, conceptualmente límpida, de lo que es la gravedad, el espacio y el tiempo. La mecánica cuántica, en cambio, nace directamente de resultados experimentales, como pueden ser mediciones de intensidad de radiaciones, efectos de la luz en metales y estudios de átomos, después de una gestación que ha durado un cuarto de siglo y en la que han participado muchas personas. La teoría ha obtenido un éxito experimental sin precedentes y ha dado como resultado aplicaciones que, una vez más, nos han cambiado la vida cotidiana (el ordenador en el que estoy escribiendo, por ejemplo), pero, pasado un siglo de su nacimiento, sigue envuelta en un velo de oscuridad e incomprensibilidad.

En este capítulo intento explicar el extraño contenido físico de esta teoría contando cómo nació y cómo poco a poco han ido surgiendo las tres ideas centrales en las que se basa: granularidad, indeterminismo y relacionalidad. Al final del capítulo, resumo y expongo estas tres ideas de manera sintética.

Suele decirse que los cuantos nacen exactamente en 1900, como inaugurando un siglo de intenso pensamiento. Ese año el físico alemán Max Planck calcula el campo eléctrico en equilibrio dentro de una caja caliente. Para obtener una fórmula que reproduzca correctamente los resultados experimentales se ve obligado a usar un truco que parece absurdo: se imagina que la energía del campo eléctrico está repartida en «cuantos», esto es, en bloques, en ladrillos de energía. Planck supone que el tamaño de los bloques depende de la frecuencia (vale decir, del color) de las ondas electromagnéticas. Para ondas de frecuencia ν, Planck supone que cada cuanto, o sea cada bloque, tiene una energía

$$E = h\nu$$

En esta fórmula, la primera de la mecánica cuántica, h es una nueva constante, que hoy llamamos «constante de Planck». Es la constante que nos dice cuánta energía hay en cada «bloque» de energía para la luz de frecuencia (color) ν. La constante h determina la escala de los fenómenos cuánticos.

La idea de que la energía está compuesta de «bloques» contrastaba con todo lo que se sabía en la época: se consideraba que la energía podía variar de manera continua y no había razón para tratarla como si estuviera hecha de granos. Por ejemplo, la energía de un péndulo que oscila viene determinada por la amplitud de la oscilación. ¿Por qué tendría que oscilar sólo con determinadas amplitudes y no con otras? Para Max Planck, esto era solamente un truco de cálculo que funcionaba —porque reproducía las mediciones de laboratorio— por razones nada claras.

Es Albert Einstein —de nuevo él— quien, cinco años después, comprende que los «bloques de energía» de Planck son reales. De eso trata el tercero de los tres artículos que envía a la revista *Annalen der Physik* en 1905. Y esta es la verdadera fecha de nacimiento de la mecánica cuántica.

En ese artículo, Einstein muestra que la luz está efectivamente compuesta de gránulos, partículas de luz. Lo hace partiendo de un fenómeno curioso que se había observado hacía poco: el efecto fotoeléctrico. Hay sustancias que, cuando reciben luz, generan una débil corriente eléctrica, o sea, emiten electrones. Son las que usamos, por ejemplo, en las células fotoeléctricas que abren las puertas cuando nos acercamos. Que esto ocurra no es extraño, porque la luz transmite energía (por ejemplo, nos calienta), y esta energía hace «saltar» los electrones de sus átomos: los empuja.

Pero ocurre algo extraño: parece razonable suponer que, si la energía de la luz es escasa, el fenómeno no se produzca, y que se produzca cuando la energía es suficiente. Pero no es así: lo que se observa es que el fenómeno sólo se produce cuando la *frecuencia* de la luz es alta y no se produce cuando es baja. O sea, se produce o no se produce dependiendo del *color* de la luz (la frecuencia) y no de la *intensidad* de la luz (la energía). Con la física clásica esto no tiene explicación. Einstein retoma la idea de los «bloques de energía» de Planck, cuyo tamaño depende precisamente de la frecuencia, y ve que, si son reales, el fenómeno se explica.

No es difícil entender por qué. Imaginemos que la luz llega de manera granular, en granos de energía. Un grano golpea a un electrón. Saldrá despedido de su átomo si el grano concreto que lo golpea tiene mucha energía; no si hay muchos granos. Si, como había conjeturado Planck, la energía de cada uno de los granos viene determinada por la frecuencia, el fenómeno se produce únicamente si la frecuencia es lo bastante alta, esto es, si los granos de energía *individuales* son lo bastante grandes, y no si hay mucha energía en general. Es como cuando graniza: lo que determina que nuestro coche se abolle o no, no es la cantidad total de granizo que cae, sino el tamaño de los granos. Puede granizar muy intensamente, pero si el granizo es pequeño no hace daño. Del mismo modo, aunque la luz sea muy intensa, o sea, aunque haya mucha energía, los electrones no saltarán de sus átomos si el tamaño de los granos de luz es demasiado pequeño, es decir, si la frecuencia de la luz es demasiado baja. Esto explica por qué es el color, y no la intensidad, el que determina que se produzca o no el efecto fotoeléctrico. Por este sencillo razonamiento, Einstein recibió el Premio Nobel. (Es fácil entender las cosas cuando ya otro las ha entendido. Lo difícil es ser el primero.)

Hoy a estos bloques de energía, o bloques de luz, los llamamos «fotones», del griego φώς, luz. Los fotones son los granos de luz o «cuantos de luz». En la introducción a su artículo escribe Einstein:

Me parece que las observaciones sobre la fluorescencia, la producción de rayos catódicos, la radiación electromagnética que sale de una caja y otros fenómenos por el estilo se comprenden mejor si suponemos que la energía de la luz se distribuye en el espacio de una manera discontinua. Aquí considero la hipótesis de que la energía de un rayo de luz no se distribuye de manera continua en el espacio, sino que consiste en un número finito de «cuantos de energía» que se localizan en sendos puntos del espacio, se mueven sin dividirse y son producidos y absorbidos como unidades separadas.[1]

Estas líneas, simples y claras, son el acta de nacimiento de la teoría de cuantos. Nótese el maravilloso «Me parece...» inicial, que recuerda las dudas de Faraday o de Newton y la inseguridad que muestra Darwin en las primeras páginas del *Origen de las especies*. El genio es consciente de la trascendencia de los pasos importantes que da y siempre vacila...

Existe una relación clara entre el artículo de Einstein sobre el movimiento browniano del que he hablado en el capítulo 1, y este sobre los cuantos de luz, ambos escritos en 1905. En el primero, Einstein había demostrado la hipótesis atómica, es decir, la estructura granular de la materia. En el segundo, extiende esta misma hipótesis a la luz: también la luz debe de tener una estructura granular.

Al principio, los colegas consideran la idea de Einstein un disparate juvenil. Todos lo elogian por la teoría de la relatividad, pero piensan que la hipótesis de los fotones es descabellada. Acaban de convencerse de que la luz es una onda del campo electromagnético, ¿y cómo va a estar una onda hecha de granos? En una carta de recomendación enviada al ministerio a fin de que creen una cátedra en Berlín para Einstein, los físicos más ilustres del momento escriben que el joven es tan brillante que «pueden perdonársele» ocurrencias como la de los fotones. No muchos años después los mismos colegas le concederán el Premio Nobel precisamente por haber descubierto los fotones. A pequeña escala, la luz llega a una superficie como una lluvia de partículas.

Para entender cómo puede la luz ser una onda electromagnética y, *a la vez*, un conjunto de fotones, tendrá que construirse todo el edificio de la mecánica cuántica. Pero la primera piedra de la nueva teoría ya está puesta: hay *granos* en el fondo de *todas* las cosas, incluida la luz.

Niels, Werner y Paul

Si Planck es el padre natural de la teoría, Einstein es el genio que la dio a luz y la crió. Pero como ocurre muchas veces con los hijos, la teoría siguió creciendo por su cuenta y Einstein acabó por no reconocerla.

Durante las décadas de 1910 y 1920, es el danés Niels Bohr

quien guía su desarrollo (figura 4.1). Bohr estudia la estructura de los átomos, que a principios del siglo empezaban a entenderse. Los experimentos habían demostrado que un átomo es como un pequeño sistema solar: la masa se concentra en un núcleo central pesado, en torno al cual giran ligeros electrones, más o menos como los planetas en torno al Sol. Esta idea, sin embargo, no explicaba un hecho simple de la materia: que es de color.

Figura 4.1 Niels Bohr.

La sal es blanca, la pimienta negra, el pimiento rojo. ¿Por qué? Estudiando detenidamente la luz que emiten los átomos, se ve que las sustancias elementales tienen colores que las caracterizan. ¿Recuerdas, lector? Maxwell había descubierto que el color es la frecuencia de la luz. Por tanto, las sustancias emiten luz sólo a ciertas frecuencias. El conjunto de frecuencias que distinguen una determinada sustancia se llama «espectro» de esa sustancia. Un «espectro» es un conjunto de líneas de varios colores, en los que se descompone (por ejemplo, con un prisma) la luz que emite una determinada sustancia. En la figura 4.2 se muestran los espectros de algunos elementos.

A principios de siglo se había estudiado y catalogado el espectro de muchísimas sustancias, pero nadie sabía por qué las

Sodio (amarillo)

Mercurio (amarillo, naranja, magenta, violeta)

Litio (rojo, amarillo, magenta, violeta)

Hidrógeno (magenta, violeta)

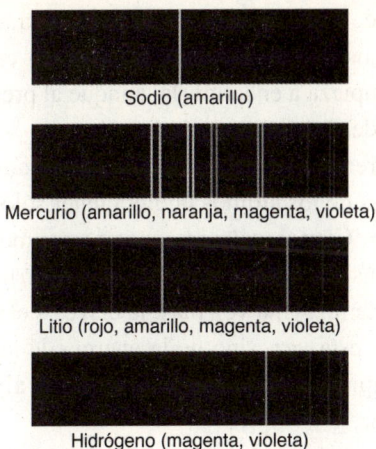

Figura 4.2 Espectros de algunos elementos.

sustancias tenían este o aquel espectro. ¿Qué determina la posición de estas líneas?

El color es la frecuencia de la luz, esto es, la velocidad a la que vibran las líneas de Faraday. A su vez, la frecuencia viene determinada por la vibración de las cargas eléctricas que originan la luz, cargas que, en el caso de la materia, son los electrones de los átomos. Por tanto, estudiando el espectro se puede entender cómo vibran los electrones en torno a los núcleos y, viceversa, calculando las posibles frecuencias con que un electrón gira en torno a su núcleo se debería, en teoría, poder calcular y, por consiguiente, prever el espectro de todos los átomos. Se dice pronto, pero de hecho nadie lo conseguía. Al contrario, parecía imposible, porque, según la mecánica de Newton, un electrón puede girar en torno a su núcleo a *cualquier* velocidad y, en consecuencia, emitir luz a *cualquier* frecuencia. Pero, entonces, ¿por qué la luz emitida por un átomo no contiene todos los colores, sino sólo unos cuantos concretos? ¿Por qué el espectro atómico no es un continuo de colores, sino que consta de unas cuantas líneas separadas? ¿Por qué, como se dice en jerga técnica, es «discreto» y no continuo? Los físicos llevaban décadas sin encontrar la respuesta. Bohr empieza a encontrarla, aunque al precio de formular hipótesis verdaderamente peregrinas.

Bohr comprende que todo se explicaría si también la energía de los electrones de los átomos pudiera tener sólo ciertos valores «cuantificados». Ciertos valores concretos, como unos años antes Planck y Einstein habían supuesto que ocurría con la energía de los cuantos de luz. Una vez más, la clave es el carácter *granular* no de la luz esta vez, sino de la energía de los electrones de los átomos. Empieza a verse que lo granular es algo muy general en la naturaleza.

Bohr supone que los electrones sólo pueden vivir a cierta distancia del núcleo, esto es, únicamente en determinadas órbitas, cuya escala justo viene dada por la constante de Planck h, y pueden «saltar» de una a otra de las órbitas atómicas que tengan la energía permitida. Son los famosos «saltos cuánticos». Estas dos hipótesis definen el «modelo de átomo» de Bohr, cuyo centenario se cumplió en 2013. Con estos dos supuestos (chocantes, en verdad, pero simples), Bohr calcula el espectro de todos los átomos e incluso llega a prever espectros aún no observados. El éxito experimental de este sencillo modelo es realmente sorprendente. Es evidente que esos supuestos tienen su parte de verdad, aunque contravengan todas las ideas corrientes sobre la materia y la dinámica. Pero ¿por qué sólo ciertas órbitas? ¿Y qué quiere decir que los electrones «saltan»?

En el Instituto de Bohr, en Copenhague, se reúnen las jóvenes mentes más brillantes del siglo para tratar de poner orden en este caos de incomprensibles comportamientos atómicos y construir una teoría coherente. La labor es ardua y se prolonga hasta que un jovencísimo alemán encuentra la llave que abre la puerta del misterio.

Werner Heisenberg (figura 4.3) tiene veinticinco años cuando formula, por primera vez, las ecuaciones de la mecánica cuántica, como veinticinco años tenía Einstein cuando escribió sus tres artículos capitales. Y lo hace basándose en unas ideas asombrosas.

Tiene la intuición una noche paseando por un parque que hay junto al Instituto de Física de Copenhague. El joven Werner va pensativo. El parque está oscuro (es 1925). Sólo hay una serie de farolas que dejan caer un cono de luz aquí y allá. Entre cono y cono de luz hay un largo trecho oscuro. De pronto Heisenberg ve pasar a un hombre. Mejor dicho, en realidad no lo ve pasar: ve que aparece cuando entra en un cono de luz y que desaparece en la oscuridad cuando sale de él, lo que ocurre farola tras farola, hasta que el hombre se pierde en la noche. Heisenberg piensa que, «evidentemente», el hombre no desaparece y reaparece en realidad, y que puede reconstruir con la mente el camino que ha recorrido entre farola y farola. Después de todo, un hombre es un cuerpo grande y pesado, y los cuerpos grandes y pesados no aparecen y desaparecen así como así...

Figura 4.3. Werner Heisenberg.

¡Ajá! Estos cuerpos, grandes y pesados, no aparecen y desaparecen, pero ¿podemos decir lo mismo de los electrones? Esta es la iluminación de Heisenberg. ¿Y si ese «evidentemente» no valiera para cuerpos tan pequeños como los electrones? ¿Y si, en efecto, un electrón pudiera aparecer y desaparecer? ¿Y si fueran estos misteriosos «saltos cuánticos» entre órbitas los que explican el espectro, sin que se sepa por qué? ¿Y si, entre una interacción y otra con algo, el electrón no fuera, literalmente, *a ninguna parte?*

¿Y si un electrón sólo se manifestara cuando interactúa, cuando choca contra otra cosa, y entre interacción e interacción no ocupara ninguna posición precisa? ¿Y si ocupar una posición precisa en todo momento es algo que sólo ocurre cuando se es un cuerpo grande y pesado como el hombre que acaba de pasar igual que un fantasma en la oscuridad y ha desaparecido en la noche?

Hay que ser un veinteañero para tomarse en serio estos delirios. Hay que ser un veinteañero para querer convertirlos en una teoría del mundo. Y quizá también hay que ser un veinteañero para entender de ese modo mejor que nadie la estructura profunda de la naturaleza. Como lo era Einstein cuando entendió que el tiempo no pasa igual para todos, y como lo era Heisenberg aquella noche danesa. Pasados los treinta quizá ya no pueda fiarse uno de sus intuiciones...

Heisenberg corre a casa presa de una excitación febril y se zambulle en los cálculos. Tiempo después sale de ellos con una teoría desconcertante: una descripción fundamental del movimiento de las partículas según la cual estas no se definen por su posición en todo momento, sino por la posición que ocupan en determinados instantes: los instantes en los que interactúan con algo.

Con esto ha puesto la segunda piedra del edificio de la mecánica cuántica, la clave más difícil: el aspecto *relacional* de todas las cosas. Los electrones no existen siempre. Existen sólo cuando interactúan. Se materializan en un lugar cuando chocan con algo. Los «saltos cuánticos» entre órbitas son su modo de ser reales: un electrón es un conjunto de saltos entre interacciones. Cuando nada lo perturba, un electrón no está en ningún sitio. En lugar de especificar la posición y la velocidad del electrón, Heisenberg confecciona tablas de números. Multiplica y divide tablas de números, que representan posibles interacciones del electrón. Y como salido del mágico ábaco de un nigromante, el resultado de sus cálculos cuadra a la perfección con cuanto se ha observado. Son las primeras verdaderas ecuaciones fundamentales de la mecánica cuántica. Desde entonces, estas ecuaciones no han hecho sino funcionar, funcionar y funcionar. Hasta hoy, y parece mentira, no se han equivocado *ni una sola vez*.

Por último, es otro veinteañero quien retoma el primer trabajo de Heisenberg y erige todo el armazón matemático y formal de la nueva teoría: el inglés Paul Adrien Maurice Dirac, considerado por muchos el físico más grande del siglo xx después de Einstein (figura 4.4).

Pese a su estatura científica, Dirac es mucho menos conocido que Einstein. En parte, esto se debe a la sutil abstracción de su ciencia, y en parte a su carácter desconcertante. Silencioso, reservadísimo, incapaz de expresar emociones y sentimientos, inca-

Figura 4.4 Paul Dirac.

paz incluso de mantener una conversación normal y entender preguntas sencillas, era casi un autista.[2]

Un día estaba dando una conferencia y un colega intervino: «No he entendido esa fórmula». Dirac se quedó callado un momento y luego prosiguió sin hacer caso. El moderador lo interrumpió y le preguntó si no quería responder a la pregunta, a lo que Dirac contestó, sinceramente desconcertado: «¿Pregunta? ¿Qué pregunta? El colega ha hecho una afirmación» («No he entendido esa fórmula» es, efectivamente, una afirmación, no una pregunta...). No era afán de provocación: el hombre que veía los secretos de la naturaleza que escapaban a todos no entendía el lenguaje implícito, no entendía a sus semejantes y tomaba todas las frases al pie de la letra.[3] Pero en sus manos, el caos de intuiciones, cálculos incompletos y vagas discusiones metafísicas de la mecánica cuántica se transforma en una arquitectura perfecta de fórmulas que funcionan: aérea, simple y bellísima. Aunque de una abstracción enorme.

«Dirac es el físico con el alma más pura», dijo de él el viejo Bohr. Su física es nítida y clara como la música. Para él, el mundo no está hecho de cosas, sino de estructuras matemáticas abstractas que nos dicen lo que aparece y cómo se comporta cuando aparece. Es una fusión mágica de lógica e intuición. También Einstein quedó profundamente impresionado por este hombre; dijo de él: «Tengo problemas con Dirac. Caminar manteniendo el equilibrio por ese vertiginoso camino que discurre entre el genio y la locura no es nada fácil».

La mecánica cuántica de Dirac es la mecánica cuántica que hoy usa o a la que se remite cualquier ingeniero, químico o biólogo molecular. En ella, todos los objetos se describen desde un espacio abstracto[4] y no tienen ninguna propiedad en sí, aparte de las que nunca cambian, como la masa. Su posición, su velocidad, su momento angular, su potencial eléctrico, etcétera, sólo cobran realidad cuando chocan con otro cuerpo. No sólo no se define la posición, como había descubierto Heisenberg, sino que tampoco se define *ninguna* variable, en el lapso que media entre interacción e interacción. El aspecto *relacional* de la teoría se universaliza.

Cuando de pronto aparecen en una interacción con otro cuerpo, las variables físicas (velocidad, energía, momento angular, etcétera) no toman unos valores cualesquiera. Sólo pueden tomar determinados valores y no otros. Dirac proporciona la fórmula general para calcular el conjunto de valores que puede tomar una variable física.[5] Estos valores son análogos al espectro de la luz que emiten los átomos. Por analogía con las rayas de los «espectros» en los que se descompone la luz de las sustancias, primera manifestación de este fenómeno, hoy llamamos «espectro de una variable» al conjunto de los valores particulares que la variable puede tomar. Por ejemplo, el radio de los orbitales de los electrones en torno a los núcleos sólo puede tomar unos valores determinados, los establecidos por Bohr.

Además, la teoría aporta información sobre qué valor del espectro se manifestará en la próxima interacción, pero sólo de una manera probabilística. No sabemos con certeza dónde aparecerá el electrón, pero podemos calcular la probabilidad de que aparezca aquí o allá. Esto supone un cambio radical respecto de la teoría de Newton, según la cual se podía, al menos en principio, prever el futuro con certeza. La mecánica cuántica pone la *probabilidad* en el centro de la evolución de las cosas. Este indeterminismo es la tercera piedra de la mecánica cuántica: el descubrimiento de que el azar actúa a nivel atómico. Mientras que la física de Newton permite predecir el futuro con exactitud, si conocemos bien los datos de partida y podemos hacer los cálculos, la mecánica cuántica sólo nos permite calcular la *probabilidad* de que algo ocurra. Esta ausencia de determinismo a escala muy pequeña es inherente a la naturaleza. Un electrón no está determinado a moverse a la derecha o la izquierda, lo hace al azar. El aparente determinismo del mundo macroscópico se debe únicamente al hecho de que este carácter casual, aleatorio del mundo microscópico, consiste en fluctuaciones demasiado pequeñas como para que se noten en la vida cotidiana.

La mecánica cuántica de Dirac permite, pues, hacer dos cosas. La primera es calcular *qué* valores puede tomar una variable física. Esto se llama «cálculo del espectro de una variable», refleja el carácter *granular* de la naturaleza profunda de las cosas y es sumamente general: vale para cualquier variable física. Los valores calculados son los que una variable puede tomar en el momento en que el objeto (átomo, campo electromagnético, molécula, péndulo, piedra, estrella...) interactúa con otra cosa *(relacionismo)*. Lo segundo que la mecánica cuántica de Dirac nos permite hacer es calcular la *probabilidad* de que el objeto manifieste este o aquel valor de una variable en la próxima interacción. Esto se llama «cálculo de una *amplitud de transición*». En esta probabilidad consiste la tercera característica clave de la teoría: el indeterminismo, o sea, la incapacidad de hacer predicciones unívocas, sino sólo probabilísticas.

Esta es la mecánica cuántica de Dirac: una fórmula para calcular el espectro de las variables y la probabilidad de que en una interacción se manifieste uno u otro valor del espectro. Eso es todo. Lo que ocurre entre una interacción y otra es algo que en la teoría no existe.

Podemos imaginar la probabilidad de encontrar un electrón o cualquier otra partícula en un punto u otro del espacio como una nube que es más densa donde la probabilidad de ver al electrón es mayor. A veces es útil imaginar esta nube como si fuera un objeto real. Por ejemplo, la nube que representa un electrón en torno a su núcleo nos dice dónde es más probable que aparezca. El lector que lo haya estudiado sabrá que se llaman «orbitales» atómicos.[6]

La eficacia de la teoría pronto se revela extraordinaria. Si hoy fabricamos ordenadores, si tenemos una química y una biología moleculares avanzadas, si tenemos el láser y los semiconductores, es gracias a la mecánica cuántica. Por unas décadas los científicos parecieron estar en una Navidad perpetua: las ecuaciones de la mecánica cuántica les regalaban una solución a todos los nuevos problemas que se les presentaban y siempre era la solución correcta, incluso de los problemas que parecían más insolubles. Pondré un ejemplo.

La materia que nos rodea está hecha de mil sustancias distintas, pero en los siglos XVIII y XIX los químicos descubrieron que en realidad siempre son combinaciones de un centenar de elementos simples: hidrógeno, helio, oxígeno y demás, hasta llegar al uranio y otros. Mendeléyev ordenó (por peso) estos elementos y confeccionó la famosa «tabla periódica» que cuelga de todas las aulas y recoge las propiedades de los elementos que hay no sólo en la Tierra, sino en todas las galaxias. ¿Por qué estos elementos? ¿Por qué esa periodicidad? ¿Por qué un elemento tiene unas propiedades y no otras? ¿Por qué, por ejemplo, algunos elementos se combinan fácilmente y otros no? ¿Cuál es el secreto de la curiosa estructura de la tabla periódica de Mendeléyev?

Pues bien: si tomamos la ecuación de la mecánica cuántica que determina la forma de los orbitales del electrón, veremos que esta ecuación tiene un número determinado de soluciones y que estas soluciones corresponden exactamente ¡al hidrógeno, al helio, al oxígeno y a los demás elementos! La tabla periódica de Mendeléyev está estructurada exactamente igual que las soluciones. ¡Las propiedades de los elementos y todo lo demás dependen del resultado de esta ecuación! En otras palabras, la mecánica cuántica descifra perfectamente el secreto de la estructura de la tabla periódica de los elementos.

El antiguo sueño de Pitágoras y de Platón de describir todas las sustancias del mundo con una sola fórmula se ha cumplido. ¡La infinita complejidad de la química deriva de las soluciones de una sola ecuación! Toda la química sale de esta única ecuación.

Y esta no es sino una de las muchas aplicaciones de la mecánica cuántica.

Los campos y las partículas son una y la misma cosa

Sólo dos años después de completar la formulación general de la mecánica cuántica, Dirac se da cuenta de que puede aplicarla directamente a los campos, como el campo electromagnético, y hacerla coherente con la relatividad especial. (Hacerla coherente con la relatividad general será mucho más complicado y es el tema de los capítulos que siguen.) Al llevarlo a cabo, descubre una nueva y profunda simplificación de nuestra descripción de la naturaleza: la convergencia entre la noción de partícula de Newton y la de campo de Faraday.

La nube de probabilidades que acompaña a los electrones entre una interacción y otra es parecida a un campo. Pero los campos de Faraday y Maxwell, a su vez, están hechos de granos: los fotones. No sólo las partículas se reparten por el espacio como si fueran campos, sino que también los campos interactúan como partículas. Las nociones de campo y de partícula, que Faraday y Maxwell habían separado, vuelven a juntarse en la mecánica cuántica.

La manera como esto ocurre en la teoría es elegante: las ecuaciones de Dirac determinan qué valores pueden tomar las variables. Aplicadas a la energía de las líneas de Faraday, nos dicen que esta energía sólo puede tomar determinados valores y no otros. La energía del campo electromagnético únicamente puede tomar ciertos valores y, por tanto, se comporta como un conjunto de *bloques* de energía. Estos últimos son exactamente los cuantos de energía de Planck y Einstein. El círculo se cierra. Las ecuaciones de la teoría, que Dirac formuló, dan cuenta del carácter granular de la luz que Planck y Einstein intuyeron.

Las ondas electromagnéticas son vibraciones de las líneas de Faraday, en efecto, pero también, a pequeña escala, enjambres de fotones. Cuando interactúan con algo, como ocurre en el efecto fotoeléctrico, se muestran como enjambres de partículas: la luz incide en nuestro ojo como una lluvia de gotas separadas, de fotones aislados. Los fotones son los «cuantos» del campo electromagnético.

Por otro lado, también los electrones y todas las partículas de las que está hecho el mundo son «cuantos» de un campo: un «campo cuántico» parecido al de Faraday y Maxwell, sujeto a la granularidad y a la probabilidad cuántica. Dirac escribe la ecuación del campo de los electrones y de las demás partículas elementales.[7] La diferencia entre campos y partículas que introdujera Faraday desaparece en gran medida.

La forma general de la teoría cuántica compatible con la relatividad especial se llama «teoría cuántica de campos» y es la base de la actual física de partículas. Las partículas son cuantos del campo electromagnético y todos los campos muestran esta estructura granular en sus interacciones.[8]

En el curso del siglo XX ha ido confeccionándose la lista de los campos fundamentales y hoy disponemos de una teoría, llamada «modelo estándar de las partículas elementales», que parece describir bien todo lo que vemos, a excepción de la gravedad,[9] en el ámbito de la teoría cuántica de campos. Poner a punto este modelo ha ocupado a los físicos durante buena parte del siglo pasado y supone en sí misma toda una aventura descubridora, en la que han participado grandes científicos italianos como Nicola Cabibbo, Luciano Maiani, Gianni Iona-Lasinio, Guido Altarelli, Giorgio Parisi y muchos otros a los que, por razones de espacio y lamentándolo mucho, no puedo citar aquí. Pero ahora no voy a contar esa parte de la historia, porque a donde quiero llegar es a la gravedad cuántica. El «modelo estándar» se completó en los años setenta. Hay unos quince campos cuyas excitaciones son las partículas elementales (electrones, quarks, muones, neutrinos, la partícula de Higgs y poco más), más algunos campos, como el campo electromagnético, que describen la fuerza electromagnética y las demás fuerzas que actúan a escala nuclear.

Al principio, el modelo estándar no se tomó muy en serio, porque parecía hecho a fuerza de parches y no tenía la aérea simplicidad de la relatividad general, de las ecuaciones de Maxwell o de Dirac. Pero, contra lo esperado, todas sus predicciones se han verificado. Todos los experimentos de los últimos treinta años no han hecho sino confirmar el modelo. Uno de los primeros y más importantes de estos experimentos, realizado por un equipo dirigido por el italiano Carlo Rubbia, reveló la existencia de los cuantos de uno de los campos (las partículas Z y W), lo que le valió a Rubbia el Premio Nobel de 1984. El último ejemplo fue la revelación del bosón de Higgs, que causó sensación en 2013. El bosón de Higgs es uno de los campos del modelo estándar que se introdujo para que la teoría funcionara bien y parecía un poco artificial; sin embargo, la partícula de Higgs, esto es, los «cuantos» de este campo, ha sido observada y tiene exactamente las propiedades previstas por el modelo estándar.[10] (La bobada de haberla llamado «partícula de Dios» no merece mayor comentario.) En definitiva, el «modelo estándar» construido en el ámbito preciso de la mecánica cuántica ha resultado ser, pese a su inmerecidamente modesto nombre, un triunfo.

La mecánica cuántica, con sus campos/partículas, ofrece hoy una descripción maravillosamente válida de la naturaleza. El mundo no está hecho de campos y partículas, sino de un mismo tipo de objeto, el campo cuántico. Ya no hay partículas que se mueven en el espacio a lo largo del tiempo, sino campos cuánticos que producen acontecimientos elementales en el espacio-tiempo. El mundo es curioso, pero simple (figura 4.5).

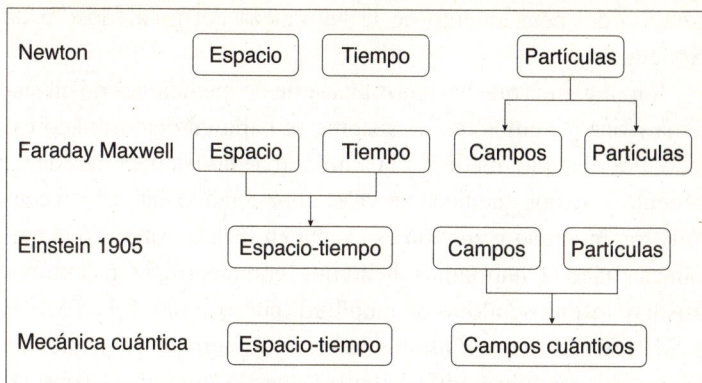

Newton	Espacio	Tiempo		Partículas
Faraday Maxwell	Espacio	Tiempo	Campos	Partículas
Einstein 1905	Espacio-tiempo		Campos	Partículas
Mecánica cuántica	Espacio-tiempo		Campos cuánticos	

Figura 4.5 ¿De qué está hecho el mundo?

Cuantos 1: la información es finita

Es hora de explicar debidamente lo que nos dice la mecánica cuántica del mundo. No es fácil, porque es una teoría conceptualmente poco clara y varias cuestiones siguen resultando controvertidas, pero debemos intentarlo si queremos avanzar con mayor claridad. Creo que la mecánica cuántica nos ha permitido entender tres aspectos de la naturaleza de las cosas: granularidad, indeterminismo y relacionismo. Veámoslas más de cerca.

El primer aspecto es la existencia de una *granularidad* fundamental en la naturaleza. El carácter granular de la materia y la luz es la clave de la mecánica cuántica. No es exactamente la misma granularidad de la materia que intuyó Demócrito. Para este, los átomos eran como piedrecitas, mientras que las partículas de la mecánica cuántica aparecen y desaparecen. Pero la raíz de la idea de la sustancial granularidad del mundo es el atomismo antiguo, y la mecánica cuántica —tras siglos de experimentos, de unas poderosas matemáticas y del gran crédito que le da su enorme capacidad de hacer predicciones exactas— es un reconocimiento

119

genuino del pensamiento de la naturaleza del gran filósofo de Abdera.

Supongamos que hacemos una serie de mediciones de un sistema físico y vemos que el sistema se halla en determinado estado. Por ejemplo, medimos la amplitud de las oscilaciones de un péndulo y vemos que tiene un valor comprendido entre 5 y 6 centímetros (ninguna medición es exacta en física). Antes de la mecánica cuántica, habríamos dicho que, como entre 5 y 6 centímetros hay infinitos valores de amplitud (por ejemplo, 5,1, o 5,101, o 5,101001...), hay *infinitos* estados de movimiento posibles en los que el péndulo podría hallarse: nuestra ignorancia sobre el péndulo es infinita.

Pues bien: la mecánica cuántica nos dice que entre 5 y 6 centímetros hay un número *finito* de valores de amplitud posibles y, por tanto, la información que nos falta es *finita*.

Este planteamiento es totalmente general.[11] La primera consecuencia profunda de la mecánica cuántica es, pues, que pone límite a la *información* que puede existir en un sistema: al número de estados en que el sistema puede hallarse. Esta limitación del infinito, esta granularidad profunda de la naturaleza, que entreviera Demócrito, es el primer aspecto central de la teoría. La constante de Planck h establece la escala elemental de esta granularidad.

Cuantos 2: indeterminismo

El mundo es una sucesión de acontecimientos cuánticos granulares. Estos acontecimientos son discretos, granulares, individuales; son interacciones individuales de un sistema físico con otro. Un electrón, un cuanto de un campo, un fotón no siguen una trayectoria en el espacio, sino que aparecen en un determinado lugar y en un determinado momento cuando chocan contra algo.

¿Cuándo y dónde aparecerán? No hay modo de preverlo con certeza. La mecánica cuántica introduce un *indeterminismo* elemental en el centro del mundo. El futuro es esencialmente imprevisible. Esta es la segunda enseñanza fundamental de la mecánica cuántica.

Debido a este indeterminismo, el mundo que la mecánica cuántica describe es un mundo donde las cosas están sujetas a un constante movimiento casual. Todas las variables «fluctúan» sin cesar, como si, a pequeña escala, todo estuviera siempre vibrando. Si no vemos estas fluctuaciones omnipresentes es porque son pequeñas y no se aprecian cuando observamos a gran escala, cuando observamos cuerpos macroscópicos. Si miramos una piedra, la vemos quieta. Pero si pudiéramos observar sus átomos, los veríamos tan pronto aquí como allí, en perenne vibración. La mecánica cuántica nos revela que, cuanto más de cerca miramos el mundo, menos constante vemos que es. Es un fluctuar continuo, un continuo pulular microscópico de microacontecimientos. El mundo no está hecho de piedras, está hecho de vibración, de pululación.

El atomismo antiguo también había anticipado este aspecto de la física moderna: la presencia de leyes probabilísticas en el fondo de la realidad. Demócrito suponía que el movimiento de los átomos lo determinaban rigurosamente los choques que recibía (como Newton). Pero su sucesor atomista, Epicuro, corrige el rígido determinismo del maestro e introduce la indeterminación en el atomismo antiguo, igual que Heisenberg introduce la indeterminación en el atomismo determinista de Newton. Según Epicuro, los átomos pueden a veces, al azar, desviarse de su camino. Lucrecio lo dice con palabras preciosas: esa desviación ocurre *«incerto tempore... incertisque loci»*,[12] en un lugar y tiempo completamente inciertos. El mismo indeterminismo, la reaparición de la probabilidad en lo más profundo del mundo, constituye el segundo descubrimiento clave de la mecánica cuántica.

Entonces, ¿cómo puede calcularse la probabilidad de que un electrón en una posición inicial A reaparezca al cabo de un tiempo en una u otra posición final B?

Richard Feynman, del que ya he hablado, discurrió en los años cincuenta una forma muy sugestiva de calcular esto: hay que tener en cuenta todos los posibles caminos entre A y B, esto es, todas las posibles trayectorias que puede seguir el electrón (rectas, curvas, zigzagueantes...); para cada uno de los caminos se puede calcular cierto número: la suma de todos estos números permite así determinar la probabilidad. No importa aquí exponer los detalles de este cálculo: lo importante es darse cuenta de que es como si el electrón, para ir de A a B, pasara «por todos los caminos posibles», es decir, se abriera formando una nube para al final converger misteriosamente en el punto B, donde otra vez colisiona con otra cosa (figura 4.6).

Este modo de calcular la probabilidad del acontecimiento cuántico se llama «suma de caminos» de Feynman[13] y veremos que desempeña su papel en la gravedad cuántica.

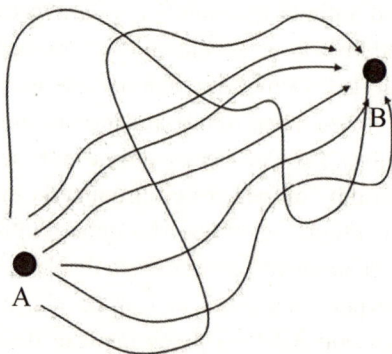

Figura 4.6 Para ir de A a B, un electrón se comporta como si pasara por *todos* los caminos posibles.

Por último, hay un tercer descubrimiento de la mecánica cuántica —el más profundo y difícil de entender— que el atomismo antiguo no anticipó de ningún modo.

La teoría no dice cómo «son» las cosas: dice cómo «ocurren» y cómo «influyen unas en otras». No dice dónde está una partícula, sino dónde «se aparece a otras». El mundo de lo que existe se reduce al mundo de las interacciones posibles. La realidad se reduce a interacción. La realidad se reduce a relación.[14]

En cierto sentido, se puede decir que no es sino una extensión muy radical de la relatividad. Ya Aristóteles había destacado el hecho de que sólo percibimos velocidades *relativas*. Por ejemplo, en un barco, calculamos nuestra velocidad respecto del barco, y en la Tierra, respecto de la Tierra. Galileo se dio cuenta de que esta es la razón por la que la Tierra puede moverse respecto al Sol sin que nosotros lo notemos. La velocidad, observó, no es la propiedad de un objeto solo: es una propiedad del movimiento de un objeto *respecto de otro*. Einstein extendió la noción de relatividad al tiempo también: podemos decir que dos acontecimientos son simultáneos con relación a un estado de movimiento de uno de los dos (véase la nota 2 del capítulo 3). La mecánica cuántica extiende aún más radicalmente esta relatividad: *todas* las características de un objeto existen sólo respecto de otros objetos. Los hechos de la naturaleza únicamente se producen en las relaciones.

En el mundo descrito por la mecánica cuántica, no hay realidad sin *relación* entre sistemas físicos. No es que las cosas puedan relacionarse; son las relaciones las que dan lugar a la idea de «cosa». El mundo de la mecánica cuántica no es un mundo de objetos: es un mundo de acontecimientos elementales y las cosas adquieren entidad en el momento en que esos «acontecimientos» elementales suceden. Como decía en los años cincuenta el filósofo Nelson Goodman con una bonita expresión: «Un objeto es un proceso monótono», un proceso que se repite idéntico durante un tiempo. Una piedra es un vibrar de cuantos que mantiene su estructura durante un tiempo, como una ola marina mantiene una identidad antes de desintegrarse de nuevo en el mar.

¿Qué es una ola, que camina sobre el agua sin llevar consigo nada excepto su propia historia? Una ola no es un objeto, en el sentido de que no está hecha de materia que permanezca. También los átomos de nuestro cuerpo van fluyendo de nosotros. Como las olas y como todos los objetos, somos un fluir de acontecimientos, somos procesos que durante un tiempo son monótonos...

La mecánica cuántica no describe objetos: describe procesos y acontecimientos que interaccionan entre procesos.

Resumiendo, la mecánica cuántica es el descubrimiento de tres aspectos del mundo:

—*Granularidad*. La información que hay en el estado de un sistema es finita y está delimitada por la constante de Planck.

—*Indeterminismo*. El futuro no lo determina unívocamente el pasado. Incluso las más rígidas de las regularidades que vemos son en realidad sólo estadísticas.

—*Relación*. Los acontecimientos de la naturaleza son siempre interacciones. Todos los acontecimientos de un sistema se producen con relación a otro sistema.

La mecánica cuántica nos enseña a no pensar el mundo en cuanto «cosas» que están en uno u otro estado, sino en cuanto «procesos». Un proceso es el paso de una interacción a otra. Las propiedades de las «cosas» se manifiestan de manera *granular* y sólo en el momento de la interacción, es decir, en los extremos del proceso y únicamente *con relación a* otras cosas, y no pueden ser previstas de manera unívoca, sino sólo *probabilística*.

Así fue como Bohr, Heisenberg y Dirac profundizaron en la naturaleza de las cosas.

Pero ¿de verdad se entiende?

Sí, la mecánica cuántica es un triunfo de eficacia. Pero... ¿estás seguro, astuto lector, de haber entendido bien lo que dice la mecánica cuántica? Un electrón no está en ningún sitio cuando no interactúa... mmm... Las cosas sólo existen cuando saltan de una interacción a otra... mmm... ¿No te parece un poco absurdo?

A Einstein también se lo parecía.

Por un lado, Einstein proponía a Werner Heisenberg y a Paul Dirac para el Premio Nobel, reconociendo que habían descubierto algo fundamental, pero por otro se quejaba de que, con eso, no se entendía nada.

Los jóvenes físicos del grupo de Copenhague estaban consternados: ¿cómo? ¿Precisamente Einstein? ¿El padre espiritual de todos ellos, el hombre que había tenido el valor de pensar lo impensable, ahora se echaba atrás y tenía miedo de aceptar ese nuevo salto a lo desconocido que él mismo había provocado? ¿Precisamente Einstein, que nos había enseñado que el tiempo no es universal y el espacio se curva, precisamente él decía ahora que el mundo no puede ser tan extraño?

Niels Bohr, pacientemente, le explicaba a Einstein las nuevas ideas. Einstein le hacía objeciones. Bohr siempre acababa hallando respuestas e impugnando las objeciones. El diálogo se prolongó años, en conferencias, cartas, artículos... Einstein imaginaba experimentos mentales para mostrar que las nuevas ideas eran contradictorias: «Imaginemos una caja llena de luz de la que dejamos escapar en un momento un fotón...», empezaba uno de sus famosos ejemplos (figura 4.7).[15]

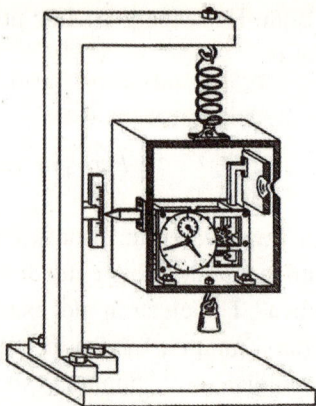

Figura 4.7 La «caja de luz» del experimento mental de Einstein, en el dibujo original de Bohr.

En el curso de este diálogo, los dos gigantes tuvieron que dar marcha atrás, cambiar de idea. Einstein hubo de reconocer que, efectivamente, las nuevas ideas no eran contradictorias. Y Bohr, que las cosas no eran tan simples ni estaban tan claras como creía al principio. Einstein no quería ceder en el punto para él clave: que existía una realidad objetiva con independencia de que algo interactúe con algo; en otras palabras, no quería aceptar el aspecto relacional de la teoría, el hecho de que las cosas sólo se manifiesten en las interacciones. Y Bohr no quería dudar de la validez del mundo profundamente nuevo en el que la nueva teoría conceptualizaba lo real. Al final, Einstein acepta que la teoría es un paso de gigante en la comprensión del mundo y es coherente, pero sigue convencido de que las cosas no pueden ser tan extrañas y que «detrás» debe de haber una explicación más razonable.

Ha pasado un siglo y seguimos en las mismas. Richard Feynman, la persona que mejor supo manejar la teoría, escribió: «Creo que podemos decir que nadie entiende de verdad la mecánica cuántica».

Físicos, ingenieros, químicos y biólogos usan a diario las ecuaciones de la teoría y sus consecuencias en los campos más variados. Pero siguen siendo misteriosas: no dicen lo que le ocurre a un sistema físico, sino solamente cómo un sistema físico influye en otro. ¿Qué significa esto?

¿Significa que no podemos describir la realidad esencial de un sistema que no interactúa? ¿Significa que sólo falta una pieza de la historia? ¿O significa —como yo creo— que debemos aceptar que la realidad no es otra cosa que interacción?

Físicos y filósofos siguen preguntándose qué significa realmente la teoría y, en los últimos años, han menudeado los artículos y congresos sobre la cuestión. ¿Qué es la teoría de cuantos, a un siglo de su nacimiento? ¿Una extraordinaria y profunda visión de la naturaleza de la realidad? ¿Un error que funciona por casualidad? ¿La pieza incompleta de un rompecabezas? ¿O un indicio de algo profundo que aún no hemos asimilado y guarda relación con la estructura del mundo?

La interpretación de la mecánica cuántica que he expuesto aquí es la que me parece menos irrazonable. Se llama «interpretación relacional» y de ella han hablado también filósofos eminentes como Bas van Fraassen, Michel Bitbol y, en Italia, Mauro Dorato.[16] Pero no existe un acuerdo sobre cómo pensar la mecánica cuántica y filósofos y físicos se plantean diversas maneras de hacerlo. Estamos en el borde de lo que no sabemos y las opiniones difieren.

No debemos olvidar que la mecánica cuántica es sólo una teoría física, y quizá mañana la corrija una comprensión del mundo más profunda y amplia. Hay quienes quieren forzarla para que case mejor con nuestra intuición. Yo, sin embargo, creo que su absoluto éxito empírico debe llevarnos a tomárnosla en serio y a preguntarnos no tanto qué debemos cambiar en la teoría como qué limitaciones tiene nuestra intuición para que la teoría nos resulte tan abstrusa.

Creo que si la teoría es oscura no es debido a la mecánica cuántica, sino a nuestra limitada capacidad de imaginación. Cuando tratamos de «ver» el mundo cuántico, somos igual que pequeños topos ciegos que viven bajo tierra y a los que alguien intenta explicar cómo son las montañas del Himalaya. O somos como hombres encadenados en el fondo de la caverna del mito de Platón (figura 4.8).

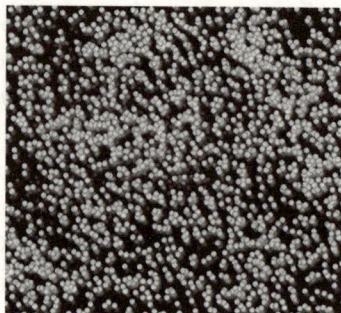

Figura 4.8 La luz es la onda de un campo, pero también tiene una estructura granular.

Cuando Einstein muere, Bohr, su grandísimo rival, habla de él con una admiración conmovedora. Cuando unos años después muere Bohr, alguien hace una foto de la pizarra de su despacho: se ve un dibujo. Es la «caja llena de luz» del experimento mental de Einstein. Hasta el último momento, el deseo de debatir y entender más. Hasta el último momento, la duda.

Esa duda constante, que es la fuente profunda de la mejor ciencia.

Tercera parte
Espacio cuántico y tiempo relacional

Si me has seguido hasta aquí, querido lector, tienes todos los ingredientes para comprender la imagen del mundo que la física fundamental propone actualmente, con su fuerza, sus debilidades y sus límites.

Hay un espacio-tiempo, curvo, que nació no se sabe cómo con una gran explosión hace catorce mil millones de años y que desde entonces se expande. Este espacio es una cosa real, un campo físico, cuya dinámica describen las ecuaciones de Einstein. El espacio se pliega y se curva bajo el peso de la materia y puede hundirse en un agujero negro, cuando la materia está muy concentrada.

La materia está repartida en cien mil millones de galaxias, cada una de las cuales consta de cien mil millones de estrellas, y está compuesta de campos cuánticos, que se manifiestan en forma de partículas, como electrones o fotones, o de ondas, como las ondas electromagnéticas, que nos traen las imágenes de la televisión y la luz del Sol y de las demás estrellas.

Estos campos magnéticos forman los átomos, la luz y todo el contenido del universo. Son cosas raras: las partículas que los componen sólo aparecen cuando interactúan con otra cosa, momento en que se localizan en un punto, y cuando están solas, se abren en una «nube de probabilidades». El mundo es un pulular de acontecimientos cuánticos inmersos en el mar de un gran espacio dinámico que se agita como las olas de un mar de agua.

Con esta imagen del mundo, y con las pocas ecuaciones que la constituyen, podemos describir todo cuanto vemos.

O casi. Porque falta algo fundamental. Este algo es lo que estamos buscando. Y de este algo habla el resto del libro.

Cuando pases página, querido lector, pasarás de aquello que, bien o mal, sabemos del mundo de una manera creíble, a aquello que aún no sabemos pero empezamos a vislumbrar. Pasar página será como salir de la seguridad de la nave espacial de nuestras casi certezas.

5
El espacio-tiempo es cuántico

Con todo, hay algo paradójico en nuestro rico conocimiento del mundo físico. Relatividad general y mecánica cuántica, las dos joyas que nos ha dejado el siglo xx, nos han proporcionado muchas claves para entender el mundo y la tecnología de hoy. Gracias a la primera se han desarrollado la cosmología, la astrofísica, el estudio de las ondas gravitatorias y de los agujeros negros. La segunda constituye el fundamento de la física atómica, nuclear, de las partículas elementales, de la materia condensada y mucho más.

Pero algo chirría entre las dos teorías. No pueden ser correctas al mismo tiempo, al menos en su forma actual. Describimos el campo gravitatorio sin tener en cuenta la mecánica cuántica, y formulamos la mecánica cuántica sin tener en cuenta que el espacio-tiempo se curva y se halla sujeto a las ecuaciones de Einstein.

Un estudiante universitario que asista a clases de relatividad general por la mañana y a clases de mecánica cuántica por la tarde pensará que sus profesores están tontos o llevan sin hablar un siglo: están enseñándole dos imágenes del mundo que se contradicen. Por la mañana el mundo es un espacio-tiempo *curvo* donde todo es *continuo;* por la tarde, el mundo es un espacio-tiempo *plano* donde saltan cuantos de energía *discretos*.

Lo paradójico es que ambas teorías funcionan a la perfección. La naturaleza se comporta con nosotros como aquel anciano rabino al que dos hombres acudieron para que dirimiera una disputa que tenían. Después de escuchar al primero, el rabino dice: «Tienes razón». El segundo insiste en ser escuchado. El rabino lo escucha y dice: «También tienes razón». Entonces, la mujer del rabino, que estaba escuchando en otro cuarto, exclama: «Pero ¡los dos no pueden tener razón!». El rabino reflexiona, asiente y concluye: «También tienes razón». En cada experimento y en cada prueba, la naturaleza nos dice que «tiene razón» la relatividad general y que «tiene razón» la mecánica cuántica, aunque las premisas en que se basan las dos teorías parecen opuestas. Es evidente que algo se nos escapa.

Se dan muchísimos casos en los que podemos pasar por alto las predicciones específicas de la mecánica cuántica. La Luna es demasiado grande para que la afecte la granularidad cuántica y, por tanto, podemos describir su movimiento olvidándonos de los cuantos. Por otro lado, un átomo es tan pequeño que no puede curvar el espacio de una manera significativa, por lo que podemos describirlo sin tener en cuenta la curvatura del espacio. Pero hay otros casos en los que entran en juego tanto la curvatura del espacio como la granularidad cuántica, y para ellos no tenemos una teoría física que funcione.

Un ejemplo es lo que ocurre en los agujeros negros. Otro, lo que ocurrió con el universo en el *big bang*. Hablando más generalmente, no sabemos cómo son el espacio y el tiempo a escala muy pequeña. En estos casos, las teorías hoy confirmadas se vuelven confusas y no nos dicen nada: la mecánica cuántica no habla de la curvatura del espacio-tiempo ni la relatividad general considera los cuantos. Este es el origen del problema de la gravedad cuántica.

Pero la cuestión es mucha más profunda. Einstein descubrió que el espacio y el tiempo son manifestaciones de un campo físico: el campo gravitatorio. Bohr, Heisenberg y Dirac descubrieron que todos los campos físicos son cuánticos: granulares, probabilísticos y relacionales. En consecuencia, también el espacio y el tiempo deben de ser objetos cuánticos con estas extrañas propiedades.

¿Qué es, pues, un espacio cuántico? ¿Qué es un tiempo cuántico? Esta es la cuestión que llamamos «gravedad cuántica».

Un nutrido grupo de físicos teóricos repartidos por los cinco continentes trabaja afanosamente en zanjar la cuestión: el objetivo es elaborar una teoría, esto es, un conjunto de ecuaciones y, sobre todo, una visión del mundo coherente que resuelva la esquizofrenia que existe entre cuantos y gravedad.

No es la primera vez que la física se encuentra ante dos teorías de gran éxito aparentemente contradictorias. En estas ocasiones, el esfuerzo de síntesis ha supuesto muchas veces un gran paso adelante en la comprensión del mundo. Newton, por ejemplo, descubrió la gravitación universal combinando la física de la caída de objetos de Galileo con la física de los planetas de Kepler. Maxwell y Faraday hallaron las ecuaciones del electromagnetismo uniendo lo que se sabía sobre la electricidad y sobre el magnetismo. Einstein concibió la relatividad especial para resolver el aparente conflicto entre la mecánica de Newton y el electromagnetismo de Maxwell, y luego la relatividad general para resolver el conflicto entre la teoría de la gravedad de Newton y su propia teoría de la relatividad especial.

Un físico teórico, pues, se alegra cuando descubre un conflicto de este tipo: es una gran oportunidad. La pregunta que hay que formularse es: ¿podemos construir una estructura conceptual que nos permita pensar el mundo y que sea compatible con lo que hemos descubierto de él gracias a las *dos* teorías?

Para entender lo que son el espacio y el tiempo cuánticos debemos revisar en profundidad nuestro modo de concebir las cosas. Debemos replantearnos la gramática de nuestra comprensión del mundo, reconsiderarla a fondo. Igual que ocurrió con Anaximandro, que comprendió que la Tierra se mueve en el espacio y no existe arriba ni abajo en el cosmos; con Copérnico, que comprendió que nos desplazamos por el cielo a gran velocidad, y con Einstein, que descubrió que el espacio-tiempo se aplasta como un molusco y el tiempo pasa de manera diferente en lugares diferentes, nuestras ideas sobre la realidad están destinadas a cambiar una vez más, si queremos tener una visión del mundo coherente con lo que hemos aprendido hasta ahora.

El primero que se dio cuenta de la necesidad de modificar nuestras bases conceptuales para comprender la gravedad cuántica fue Matvei Bronstein, una figura romántica y legendaria: un jovencísimo científico ruso que vivió en tiempos de Stalin y murió trágicamente (figura 5.1).

Figura 5.1 Matvei Bronstein.

Matvei

Matvei era un joven amigo de Lev Landau, quien, como ha quedado dicho, fue el físico teórico más grande de la Unión Soviética. Algunos colegas que conocían a los dos decían que Matvei era el más brillante. Cuando Heisenberg y Dirac empezaron a sentar las bases de la mecánica cuántica, Landau creyó, erróneamente, que el campo electromagnético quedaba mal definido a causa de los cuantos. El padre Bohr vio enseguida que Landau se equivocaba, estudió a fondo la cuestión y escribió un largo y detallado artículo en que mostraba que los campos, como el campo eléctrico, quedan también bien definidos teniendo en cuenta la mecánica cuántica.[1]

Landau se olvidó del asunto. Pero su joven amigo Matvei sintió curiosidad, advirtiendo que la intuición de Landau, aunque imprecisa, tenía algo de verdad. Repitió el mismo razonamiento con el que Bohr mostraba que el campo eléctrico cuántico quedaba bien definido en todos los puntos del espacio, pero aplicándolo al campo gravitatorio, cuyas ecuaciones Einstein había escrito unos años antes. Y aquí —¡sorpresa!— Landau tenía razón. El campo gravitatorio en un punto *no* queda bien definido cuando se tienen en cuenta los cuantos.

Hay un modo sencillo de entender lo que sucede. Supongamos que queremos observar una región de espacio muy, muy pequeña. Para ello, tenemos que colocar algo en esa región que marque el punto que queremos considerar, por ejemplo, una partícula. Pero Heisenberg había descubierto que no se puede localizar una partícula en un punto del espacio más de un instante. Pasado ese instante, desaparece. Cuanto más pequeña sea la región en que queramos localizar una partícula, mayor será la velocidad con la que desaparecerá. (Es el «principio de indeterminación» de Heisenberg.) Si la partícula desaparece a gran velocidad, quiere decir que tiene mucha energía.

Pero ahora recordemos la teoría de Einstein. La energía hace que el espacio se curve. Si hay mucha energía, el espacio se curva mucho. Si concentro *mucha* energía en una región *muy* pequeña, el espacio se curva *demasiado* y se forma un agujero negro, como ocurre en el caso de una estrella que colapsa. Pero si la partícula se hunde en un agujero negro, dejamos de verla. No podemos, pues, usar la partícula para fijar una región de espacio, como queríamos. Es decir, no podemos medir regiones arbitrariamente pequeñas de espacio porque estas desaparecen en agujeros negros.

Este argumento puede precisarse mejor con un poco de matemáticas. El resultado es general: la mecánica cuántica y la relatividad general, combinadas, implican que la divisibilidad del espacio tiene un límite. Por debajo de cierta escala nada es accesible. Es más: nada existe.

¿Cuál es esa escala? Muy fácil: basta con calcular el tamaño mínimo de una partícula antes de que forme un agujero negro y desaparezca, y el resultado es muy simple. La longitud mínima que es existe es aproximadamente

$$L_p = \sqrt{\frac{\hbar G}{c^3}}$$

A la derecha de esta ecuación, y bajo el signo de la raíz cuadrada, tenemos las tres constantes de la naturaleza que ya conocemos: la constante de Newton G, de la que he hablado en el capítulo 2, y que es la que determina la escala de la fuerza de gravedad; la velocidad de la luz c, que vimos en el capítulo 3 al hablar de la relatividad, y la constante de Planck $\hbar$, que vimos en el capítulo 4 al tratar de la mecánica cuántica, y que fija la escala de la granularidad cuántica.[2] La presencia de estas tres constantes nos dice que estamos ante algo que guarda relación con la gravedad (G), la relatividad (c) y la mecánica cuántica $(\hbar)$.

La longitud L_p así determinada se llama «longitud de Planck». Habría que llamarla «longitud de Bronstein», pero así es la vida. En números, equivale a la millonésima parte de la milmillonésima parte de la milmillonésima parte de la milmillonésima parte de un centímetro (10^{-33} centímetros). Una longitud muy pequeña, vamos. A esta escala infinitesimal se manifiesta la gravedad cuántica. A esta escala, el espacio y el tiempo cambian, se convierten en otra cosa, en «espacio y tiempo cuánticos», y la cuestión es saber lo que eso significa. (Para que nos hagamos una idea de la extrema pequeñez de las dimensiones de las que estamos hablando, pensemos que si aumentáramos el tamaño de una nuez hasta que abarcara todo el universo visible, seguiríamos sin ver la longitud de Planck: incluso tan enormemente aumentada, sería un millón de veces más pequeña que la nuez original.)

Matvei Bronstein comprende todo esto en los años treinta y escribe dos breves y esclarecedores artículos en los que muestra que la mecánica cuántica y la relatividad general son incompatibles con nuestra idea común del espacio como algo continuo e infinitamente divisible.[3]

Pero hay un problema. Matvei y Lev son comunistas sinceros. Creen en la revolución como liberación del hombre, como construcción de una sociedad mejor en la que no existan injusticias ni las enormes desigualdades que hoy vemos crecer sistemáticamente en todas partes del mundo. Han seguido a Lenin con entusiasmo. Cuando Stalin sube al poder, ambos quedan perplejos, luego se muestran críticos, al final hostiles. Escriben artículos críticos... Este no es el comunismo que queríamos... Pero corren malos tiempos. Landau se salva, no sin dificultades, pero se salva.

Al año siguiente de comprender que nuestras ideas sobre el espacio y el tiempo debían cambiar radicalmente, Matvei fue detenido por la policía de Stalin y condenado a muerte. Lo ejecutaron el mismo día en que fue juzgado, el 18 de febrero de 1938.[4] Tenía treinta años.

John

Tras la prematura muerte de Matvei Bronstein, muchos grandes físicos del siglo trataron de resolver el rompecabezas de la gravedad cuántica. Dirac se dedicó a ello durante la última parte

139

de su vida, abriendo caminos e introduciendo ideas y técnicas en las que se basa gran parte de la labor técnica actual en materia de gravedad cuántica. Gracias a estas técnicas podemos describir un mundo sin tiempo, como explicaré más adelante. Feynman lo intentó, tratando de adaptar las técnicas que había desarrollado para los electrones y los fotones a la relatividad general, aunque sin éxito: electrones y fotones son cuantos en el espacio. La gravedad cuántica es otra cosa: no basta con describir «gravitones», es el espacio mismo el que está «cuantizado».

Hay físicos a quienes se les ha concedido el Premio Nobel porque, tratando de desentrañar el misterio de la gravedad cuántica, resolvieron, por casualidad y casi por error, otros problemas. Por ejemplo, los dos físicos holandeses Gerard't Hooft y Martinus Veltman recibieron el Nobel en 1999 por haber demostrado las teorías que hoy se usan para describir las fuerzas nucleares, pero el objeto de su investigación era demostrar una teoría sobre la gravedad cuántica. Trabajaban en las teorías de esas otras fuerzas a modo de ejercicio preliminar, ejercicio que les valió, sí, el Nobel, pero que no les sirvió para demostrar la teoría sobre la gravedad cuántica que querían demostrar.

La lista podría alargarse y sería como un desfile de honor para los físicos teóricos del siglo. O quizá de deshonor, dada la cantidad de fracasos que ha habido. A lo largo de los años se han sucedido periodos de entusiasmo y de frustración. Pero este empeño prolongado no ha sido en vano. Poco a poco y década tras década, se han aclarado las ideas, se han explorado y abandonado los callejones sin salida, se han confirmado técnicas e ideas generales y los resultados han ido acumulándose. Recordar aquí a los muchísimos físicos que han contribuido a esta lenta construcción colectiva no sería sino enumerar tediosamente una serie de nombres, cada uno de los cuales ha añadido un granito de arena o una piedra a la construcción.

Sí quiero mencionar, sin embargo, al maravilloso Chris Isham, inglés mitad filósofo, mitad físico, eterno chiquillo que durante años lideró esta investigación colectiva. Yo me prendé de esta cuestión leyendo un artículo suyo donde explicaba en qué consistía la dificultad del problema y por qué debíamos cambiar nuestra concepción del espacio y el tiempo, y trazaba una límpida panorámica de todas las vías que se seguían entonces, con sus resultados y problemas. Cursaba yo el tercer año de universidad y la idea de que era necesario replantearse por completo el espacio y el tiempo me fascinó. Y esta fascinación no ha cesado, ni siquiera cuando empezamos a penetrar el oscuro misterio. Como canta Petrarca, «no porque afloje el arco el daño sana».

La persona que más ha hecho avanzar la investigación sobre la gravedad cuántica ha sido John Wheeler, personaje legendario y una de las figuras fundamentales de la física del siglo pasado (figura 5.2).

Fue alumno y colaborador de Niels Bohr en Copenhague, colaborador de Einstein cuando este se trasladó a Estados Unidos y profesor de figuras como Richard Feynman... John Wheeler tenía una gran imaginación. Él acuñó el término de «agujeros negros» para designar las regiones del espacio de las que nada puede salir. Se dedicó sobre todo a pensar el espacio-tiempo cuántico de

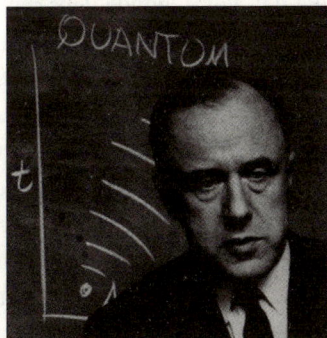

Figura 5.2 John Wheeler.

una manera más intuitiva que matemática. Aprendida la lección de Bronstein de que las propiedades del campo gravitatorio exigen un cambio en la noción de espacio a pequeña escala, Wheeler concibió imágenes que explicaran este espacio cuántico, que se figuró como una nube de distintas geometrías superpuestas, del mismo modo que podemos figurarnos que un electrón cuántico es una nube de distintas posiciones.

Imaginemos que vemos el mar desde un avión que vuela a mucha altitud: vemos una región vasta y azul que nos parece plana. Si nos acercamos y miramos más de cerca, empezamos a ver las grandes olas que levanta el viento en la superficie marina. Si miramos aún más de cerca, vemos que las olas rompen y el mar es una superficie que espumea. Así es el espacio en la imaginación de John Wheeler.[5] A escala humana, una escala inmensamente más grande que la escala de Planck, el espacio es liso y plano y se rige por la geometría euclidiana. Pero si descendemos a la escala de Planck, se rompe y espumea.

Wheeler concibió una manera de describir este espumear de espacio, esta ola de probabilidades de distintas geometrías. En 1966 un joven colega suyo, residente en Carolina, Bryce DeWitt, le da la clave.[6] Wheeler viajaba mucho y veía a sus colaboradores cuando podía. Pide a Bryce que acuda al aeropuerto de Raleigh Durham, en Carolina del Norte, donde debe pasar unas horas por un transbordo. Bryce va y le enseña la ecuación de una «función de onda del espacio» que ha obtenido usando un simple truco matemático.[7] Wheeler se entusiasma. De la conversación sale una especie de «ecuación de los orbitales» de la relatividad general, una ecuación que debería determinar la probabilidad de observar uno u otro espacio curvo. Wheeler estuvo mucho tiempo llamándola «ecuación de DeWitt» y DeWitt «ecuación de Wheeler». Todos los demás la llamamos «ecuación de Wheeler-DeWitt».

La idea es muy buena y sienta las bases de la teoría de la gravedad cuántica, pero la ecuación plantea muchos y serios problemas. Para empezar, está mal definida desde el punto de vista matemático. Si la usamos para hacer cuentas, vemos que se obtienen resultados infinitos y carentes de sentido. Si queremos usarla debidamente, hay que reformularla.

Pero sobre todo no sabemos cómo interpretarla ni qué significa con exactitud. Uno de los aspectos más desconcertantes es que la ecuación no contiene la variable que indica el tiempo. ¿Cómo usarla para calcular la evolución de algo en el tiempo? ¿Qué significa una teoría física que no contemple la variable tiempo? Durante años la investigación giró en torno a estas cuestiones y se le dio mil vueltas a la ecuación a fin de definirla mejor y comprender lo que significaba.

Los primeros pasos de los lazos

La niebla empieza a disiparse a finales de la década de los años ochenta. Sorprendentemente, aparecen algunas soluciones de la ecuación de Wheeler-DeWitt. Sigue un periodo de debates intensos y gran animación intelectual. En aquellos años me hallaba primero en la Universidad de Syracuse, en el estado de Nueva York, visitando al físico indio Abhay Ashtekar y luego en la Universidad de Yale, Conneticut, visitando al físico americano Lee Smolin. Ashtekar había contribuido a simplificar la ecuación de Wheeler-DeWitt y Smolin, con Ted Jacobson, de la Universidad de Maryland, en Washington, había sido uno de los primeros en entrever estas extrañas soluciones de la ecuación.

Las soluciones tenían una curiosa peculiaridad: dependían de *líneas cerradas* en el espacio. Una línea cerrada es un «lazo», *loop* en inglés. Se podía formular una solución de la ecuación de Wheeler-DeWitt por cada línea que se cerraba sobre sí misma. ¿Qué significaba esto? En un clima de gran entusiasmo se llevan a cabo las primeras labores de lo que llegará a ser la teoría de la *gravedad cuántica de lazos*, a medida que se aclara el sentido de estas soluciones de la ecuación de Wheeler-DeWitt, sobre las cuales va construyéndose poco a poco una teoría coherente, que pronto se bautiza con el nombre de «teoría de lazos».

Hoy son cientos de científicos los que trabajan en esta teoría, repartidos por todo el mundo, de China a Sudamérica, de Indonesia a Canadá. La teoría que poco a poco va construyéndose así se llama «teoría de lazos» o «gravedad cuántica de lazos» y a ella están dedicados los siguientes capítulos. La teoría están desarrollándola en casi todos los países avanzados del mundo (menos en Italia) una serie de teóricos entre los que destacan varios jóvenes italianos (que trabajan, ¡ay!, en universidades extranjeras). No es la única dirección que está tomando la investigación, pero sí la que muchos consideran más prometedora.[8] La visión de la realidad que ofrece esta teoría es extraña y desconcertante. En los dos próximos capítulos trataré de describirla.

6
Cuantos de espacio

Concluimos el capítulo anterior hablando de las soluciones que Jacobson y Smolin encontraron para la ecuación de Wheeler-DeWitt, la hipotética ecuación básica de la gravedad cuántica. Estas soluciones dependen de líneas que se cierran sobre sí mismas o «lazos». ¿Qué significan estas soluciones? ¿Qué representan?

¿Recuerda el lector las líneas de Faraday, las líneas que transportan la fuerza eléctrica y que, en la imaginación de Faraday, llenan el espacio, las líneas que dieron origen al concepto de campo? Pues bien, las líneas cerradas de las soluciones de la ecuación de Wheeler-DeWitt son líneas de Faraday del campo gravitatorio.

Pero hay dos novedades respecto de las ideas de Faraday.

La primera es que ahora estamos en la teoría cuántica, en la que todo es discreto y está «cuantizado». Esto supone que la maraña continua e infinitamente fina de las líneas de Faraday está ahora compuesta de un número finito de hilos diferenciados. Cada una de esas líneas determina una solución y constituye uno de los hilos de la maraña.

La segunda novedad, la crucial, es que estamos hablando de gravedad y, por tanto, y como descubrió Einstein, no hablamos de campos inmersos en el espacio, sino de la estructura misma del espacio. Las líneas de Faraday del campo gravitatorio cuántico son los hilos con que está tejido el espacio. Al principio, la investigación centraba su atención en estas líneas y se preguntaba cómo podían dar lugar a nuestro espacio físico tridimensional, «entrelazándose». La figura 6.1 quiere dar una idea intuitiva de esta estructura discreta del espacio.

Muy pronto, sin embargo, y gracias a las intuiciones y capacidades matemáticas de jóvenes brillantes como el argentino Jorge Pullin y el polaco Jurek Lewandowski, empieza a verse que la clave para entender la física de estas soluciones está en los puntos en que estas líneas se tocan. Estos puntos se llaman «nodos» o «vértices» y las líneas que unen estos nodos se llaman «enlaces», del inglés *link*. Un conjunto de líneas que se tocan forman lo que se llama un «grafo», que es un conjunto de nodos unidos por enlaces, como en la figura 6.3. Un cálculo muestra que el espacio físico no tiene volumen, a menos que haya nodos. En otras palabras, el volumen del espacio «reside» en los nodos del grafo y no en sus líneas. Las líneas «enlazan» los distintos volúmenes.

Pero el panorama no se aclaró hasta años después. Antes fue necesario transformar la matemática aproximativa de la ecuación de Wheeler-DeWitt en una estructura matemática coherente y bien definida, que ha permitido obtener resultados precisos. El resultado técnico que aclara el significado físico de estos grafos es el cálculo de los espectros de volumen y de área.

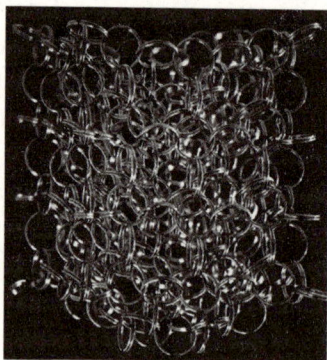

Figura 6.1 Las líneas de fuerza de Faraday cuánticas tejen el espacio como una malla tridimensional de anillos o lazos *(loops)* entrecruzados.

Tomemos una región de espacio cualquiera. Por ejemplo, el volumen del cuarto donde, lector, estás leyendo (si es que estás en un cuarto). ¿De qué tamaño es ese espacio? La dimensión del espacio del cuarto viene dada por su volumen. El volumen es una cantidad geométrica que depende de la geometría del espacio, pero la geometría del espacio —como descubrió Einstein y vimos en el capítulo 3— es el campo gravitatorio. El volumen es, pues, una variable del campo gravitatorio, es «la cantidad de campo gravitatorio que cabe» entre las paredes.

Pero el campo gravitatorio es una cantidad física y, como todas las cantidades físicas, está sujeto a las leyes de la mecánica cuántica. En particular, y al igual que todas las cantidades físicas, el volumen no puede tomar valores arbitrarios, sino sólo unos valores determinados, como vimos en el capítulo 4. La serie de valores posibles se llama «espectro». Por tanto, debe de existir un «espectro del volumen» (figura 6.2).

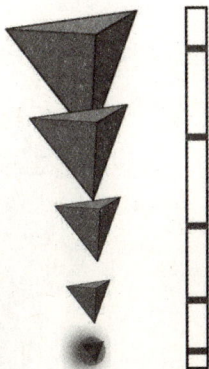

Figura 6.2 El espectro del volumen: los volúmenes de un tetraedro regular que son posibles en la naturaleza son sólo unos pocos. El más pequeño, abajo, es el volumen más pequeño que existe.

Dirac nos proporcionó la fórmula para calcular el espectro de cualquier variable, esto es, la serie de los posibles valores que dicha variable puede tomar. Plantear y llevar a cabo este cálculo costó tiempo y esfuerzo. Pero pudo completarse a mediados de la década de los años noventa y la respuesta, como era de esperar (Feynman decía que nunca hay que hacer un cálculo sin saber antes el resultado), es que el espectro del volumen es discreto. Es decir, que el volumen sólo puede estar formado por «bloques discretos», igual que la energía del campo electromagnético está formado por fotones, que son «bloques discretos» también.

Los nodos del grafo representan los bloques discretos de volumen y, como los fotones, sólo pueden tener unos tamaños determinados, que es posible calcular. Cada nodo n del grafo tiene su propio volumen v_n. Los nodos son «cuantos» elementales y forman el espacio. Cada nodo del grafo es un «grano cuántico de espacio». La figura 6.3 ilustra esta estructura.

¿Recuerdas, lector? Un enlace es un cuanto individual de una línea de Faraday del campo gravitatorio. Ahora entendemos lo que representa: si nos imaginamos dos nodos como dos pequeñas

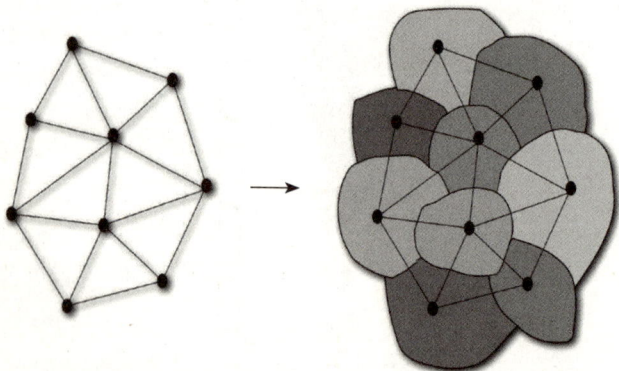

Figura 6.3 A la izquierda, un grafo formado por nodos unidos por enlaces. A la derecha, los granos de espacio que el grafo representa. Los enlaces indican los granos adyacentes, separados por superficies.

«regiones» de espacio, estas dos regiones estarán separadas por una pequeña superficie. La dimensión de esta superficie viene dada por su *área*. La segunda cantidad que, después del volumen, caracteriza estas redes cuánticas de espacio es, pues, el *área* asociada con cada línea.[1]

También el área, como el volumen, es una variable física y, por tanto, tiene un espectro que puede calcularse usando las fórmulas de Dirac. El resultado del cálculo es muy simple y lo consignaré aquí para que el lector pueda ver al menos una vez cómo funcionan los espectros de Dirac. Los posibles valores del área A vienen dados por la fórmula siguiente, en la que j es un número «semientero», esto es, un número que es mitad de un entero, como 0,1/2, 2, 3/2, 3, 5/2...

$$A = 8\pi L_p^2 \sqrt{j\,(j+1)}$$

Tratemos de entender esta fórmula. A es el área que puede tener una superficie que separa dos granos de espacio. 8 es el número 8 y no tiene nada de especial. π es el número *pi* griego, que se estudia en la escuela y es la constante que da la relación entre la circunferencia y el diámetro de cualquier círculo, que aparece por todas partes en física y en matemáticas, no sé por qué. L_p es la longitud de Planck, la pequeñísima longitud a cuya escala se producen los fenómenos de la gravedad cuántica. L_p^2 es el cuadrado de L_p, o sea, el área (muy pequeña) de un cuadrado de lado igual a la longitud de Planck. Por tanto, $8\pi L_p^2$ es simplemente una área «pequeña»: el área de un cuadrado de lado igual a unas millonésimas partes de la milmillonésima parte de la milmillonésima parte de la milmillonésima parte de un centímetro ($8\pi L_p^2$ es más o menos 10^{-66} cm^2). La parte interesante de la fórmula es la raíz cuadrada y lo que contiene. El punto clave es que j es un número semientero, lo que quiere decir que sólo puede tener valores múltiplos de 1/2. Para cada uno de estos valores, la raíz posee un valor determinado, que figura (aproximadamente) en la tabla 6.1.

j	$\sqrt{j\,(j+1)}$
1/2	0,8
1	1,4
3/2	1,9
2	2,4
5/2	2,9
3	3,4
—	—

Tabla 6.1 Espín y valor correspondiente del área en unidad de área mínima.

Multiplicando los números de la columna de la derecha por el área $8\pi L_p^2$ obtenemos los valores posibles del área de la superficie. Estos valores especiales son como los que aparecen en el estudio de las órbitas de los electrones de los átomos, órbitas determinadas, según la mecánica cuántica. Lo importante es que *no existen* otras áreas, además de estas. No existe una superficie que sea la décima parte de $8\pi L_p^2$. Por tanto, el área no es continua: es granular. No existe un área arbitrariamente pequeña. El espacio nos parece continuo porque nuestros ojos no ven a la escala pequeñísima de los cuantos de espacio individuales. Igual que en una camiseta, si miramos a cierta escala, vemos que está tejida de hilos individuales.

Cuando decimos que el volumen de este cuarto es, por ejemplo, de 100 m³ cúbicos, lo que estamos haciendo es contar los granos de espacio —o, mejor dicho, los «cuantos de campo gravitatorio»— que contiene. En un cuarto de dimensiones normales, hay un número con más de cien cifras. Cuando decimos que el área de esta página es de 200 cm², estamos contando el número de enlaces de la red, es decir, de lazos, que se extienden por la página. En una página de este libro hay un número de enlaces que tiene unas setenta cifras.

La idea de que medir longitudes, áreas y volúmenes es en última instancia contar elementos individuales fue defendida por Riemann ya en el siglo XIX: el matemático que desarrolló la teoría de los espacios matemáticos curvos *continuos* se daba cuenta de que un espacio *físico* discreto es, en el fondo, mucho más razonable que un espacio continuo.

Resumamos. La gravedad cuántica de lazos, o «teoría de lazos», combina la relatividad general y la mecánica cuántica con mucha cautela, porque no utiliza ninguna otra hipótesis y se limita a reformular oportunamente estas dos teorías para hacerlas compatibles. Pero sus consecuencias son radicales.

La relatividad general nos ha enseñado que el espacio no es un recipiente rígido e inerte, sino algo dinámico, como el campo electromagnético: un inmenso molusco móvil donde estamos inmersos y que se comprime y retuerce. La mecánica cuántica enseña que todo campo de este tipo está «hecho de cuantos», esto es, tiene una estructura granular. ¿Qué se deduce de estos dos descubrimientos generales sobre la naturaleza?

Se deduce que el espacio físico, como campo que es, también «está hecho de cuantos». La misma estructura granular que caracteriza los demás campos cuánticos caracteriza asimismo el campo gravitatorio cuántico y, por tanto, debe de caracterizar el espacio. Es de esperar, pues, que el espacio tenga granos. Es de esperar que existan «cuantos de espacio» lo mismo que existen cuantos de luz, que son los cuantos del campo electromagnético, y al igual que todas las partículas son cuantos de campos cuánticos. El espacio es el campo gravitatorio y los cuantos del campo gravitatorio serán «cuantos de espacio»: los integrantes granulares del espacio.

La predicción fundamental de la teoría de los lazos es esa: que el espacio no es algo continuo ni infinitamente divisible, sino que está formado por «átomos de espacio». Pequeñísimos: un billón de millones de veces más pequeños que el más pequeño de los núcleos atómicos.

Con la teoría de lazos, la idea de esta estructura atómica y granular del espacio halla una formulación y unas matemáticas precisas, con las que puede describirse su estructura cuántica y calcularse sus dimensiones exactas. La teoría de lazos describe matemáticamente estos «átomos elementales de espacio» y las ecuaciones que determinan su evolución, que no son sino las ecuaciones generales de la mecánica cuántica de Dirac aplicadas al campo gravitatorio de Einstein.

Así, por ejemplo, el volumen de un cubo no puede ser arbitrariamente pequeño. Existe un volumen mínimo. No existe un espacio más pequeño que este volumen mínimo. Existe un «cuanto» mínimo de volumen. Un átomo elemental de espacio.

Átomos de espacio

¿Recuerda el lector la paradoja de Aquiles y la tortuga? Zenón había observado que cuesta aceptar la idea de que Aquiles deba recorrer un número infinito de distancias para alcanzar al lento animal. Las matemáticas hallaron una respuesta a esta paradoja demostrando que un número infinito de intervalos cada vez más pequeños puede, con todo, sumar un intervalo total finito.

Pero ¿es eso lo que de verdad ocurre en la naturaleza? ¿De verdad existen en la naturaleza intervalos entre Aquiles y la tortuga arbitrariamente cortos? ¿Tiene sentido hablar de la milmillonésima de la milmillonésima de la milmillonésima de la milmillonésima parte de un milímetro y pensar que aún puede dividirse en innumerables intervalos?

El cálculo de los espectros cuánticos de las cantidades geométricas indica que la respuesta a esta pregunta es negativa: no existen fragmentos de espacio arbitrariamente pequeños. La divisibilidad del espacio tiene un límite inferior. Lo tiene a una escala muy pequeña, pero lo tiene. Es lo que intuyó Matvei Bronstein en la década de los años treinta basándose en argumentos aproximativos. El cálculo de los espectros de área y de volumen, completado hace unos años y que se basa solamente en la aplicación de las ecuaciones de Dirac a las variables de la relatividad general, confirma la idea y la encuadra en una formulación matemática.

El espacio, pues, es granular. Aquiles no puede dar un número infinito de saltos para alcanzar a la tortuga porque no existen saltos infinitamente pequeños en un espacio hecho de granos de tamaño finito. El héroe se acercará al animal y al final lo alcanzará dando un solo salto.

Pero, querido lector, si lo pensamos bien, ¿no era exactamente esta la solución que proponían Leucipo y Demócrito? Es cierto que ellos hablaban de la estructura granular de la materia y no de la estructura del espacio, de la que no sabemos muy bien lo que pensaban, porque, por desgracia, no disponemos de sus textos y debemos contentarnos con las vagas citas de otros, lo que es como querer reconstruir la *Divina comedia* con el resumen que hace de ella Bignami;[2] pero, bien pensado, el argumento de Demócrito sobre la incongruencia de la idea del continuo como un conjunto de puntos, que nos transmite Aristóteles, se aplica incluso mejor al espacio que a la materia. No estoy seguro, pero imagino que si pudiéramos preguntar a Demócrito si tiene sentido medir el espacio a una escala arbitrariamente pequeña, o concebirlo como un continuo compuesto de puntos infinitesimales, su respuesta no podría ser otra que la de recordarnos que la divisibilidad debe tener un límite. Para el gran filósofo de Abdera, la materia sólo podía estar compuesta de átomos elementales indivisibles. Una vez comprendido que el espacio puede concebirse como se concibe la materia —que el espacio, como él mismo decía, tiene su propia naturaleza, «cierta física»—, creo que no habría vacilado en deducir que también el espacio puede estar hecho únicamente de átomos elementales indivisibles. Seguimos, pues, los pasos de Demócrito.

No estoy diciendo, claro está, que la física de dos milenios haya sido inútil, que los experimentos y las matemáticas no sean necesarios y que Demócrito era tan digno de crédito como lo es la ciencia moderna. Desde luego que no. Sin experimentos ni matemáticas nunca habríamos sabido lo que sabemos. Sin embargo, desarrollamos nuestros esquemas conceptuales para entender el mundo explorando ideas nuevas y al mismo tiempo basándonos en intuiciones profundas y poderosas de los gigantes del pasado. Demócrito es uno de estos gigantes y descubrimos nuevas cosas subidos a sus hombros.

Pero volvamos a la gravedad cuántica.

Redes de espín

Los grafos que representan los estados cuánticos del espacio se caracterizan por un volumen v por cada nodo y un número semientero j por cada línea. Un grafo con estos números asociados se llama «red de espín» *(spin network)* (figura 6.4). Los números semienteros, en física, se llaman «espín» porque aparecen muy a menudo en la mecánica cuántica de las cosas que giran, y girar, en inglés, se dice *spin*. Una red de espín representa un estado cuántico del campo gravitatorio, esto es, un posible estado cuántico del espacio. Un espacio granular, en el que volumen y área son discretos.

En física se usan muy a menudo retículas finitas para aproximar el espacio. Pero aquí no hay espacio continuo que calcular así: el espacio es genuinamente granular a pequeña escala. Este es el meollo de la gravedad cuántica.

Hay una diferencia crucial entre los fotones, cuantos del

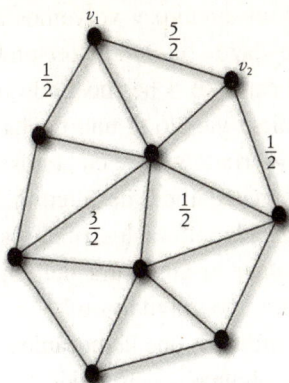

Figura 6.4 Una red de espín.

campo magnético, y los nodos del grafo, «cuantos de espacio». Los fotones existen en el espacio, mientras que los cuantos de espacio son ellos mismos el espacio. Los fotones se caracterizan por el lugar donde están,[3] mientras que los cuantos de espacio no tienen un lugar en que estar, porque ellos mismos son «el lugar». Dan otra información crucial que los caracteriza: la información sobre los cuantos de espacio adyacentes y cuáles están cerca de cuáles. Esta información la expresan los enlaces del grafo. Dos nodos unidos por un enlace son dos cuantos de espacio contiguos. Son dos granos de espacio que se tocan. Este «tocarse» construye la estructura del espacio.

Estos cuantos de gravedad representados por nodos y líneas, repito, no están *en* el espacio, *son ellos mismos el espacio*. Las redes de espín que constituyen la estructura cuántica del campo gravitatorio no están inmersas en el espacio, no ocupan un espacio. La localización de los cuantos de espacio no se define con respecto a nada, sino únicamente por los enlaces y por sus relaciones mutuas.

Podemos imaginarnos desplazándonos de un grano de espacio a otro adyacente siguiendo un enlace. Si pasamos de un grano a otro hasta cerrar un circuito y volvemos al punto de partida, habremos hecho un «lazo» o *loop*. Estos son los lazos originarios de la teoría. En el capítulo 4 he mostrado que la curvatura del espacio puede medirse viendo si una flecha que se mueva a lo largo de un circuito cerrado vuelve en la misma posición con que partió o girada. Las matemáticas de la teoría determinan esta curvatura para todos y cada uno de los circuitos cerrados del grafo, lo que permite evaluar la curvatura del espacio-tiempo y, por tanto, la fuerza del campo gravitatorio.[4]

Ahora bien, recordemos que la mecánica cuántica es más que la granularidad de algunas magnitudes físicas. Se caracteriza también por los otros dos aspectos. El primero, el carácter probabilístico de su evolución: la manera como las redes de espín «evolucionan» es casual y podemos calcular su probabilidad. De esto hablaremos en el próximo capítulo, dedicado al tiempo.

Y la segunda novedad de la mecánica cuántica: no debemos pensar «cómo son» las cosas, sino «cómo interactúan». Esto significa que no debemos pensar en las redes de espín como si fueran entidades o una malla en que descansa el mundo. Debemos pensar en ellas como efecto del espacio en las cosas. Entre una interacción y otra, y así como un electrón no está en ningún sitio o se halla disperso en una nube de probabilidades ubicua, el espacio no es una red de espín determinada, sino una nube de probabilidades que abarca todas las posibles redes de espín.

A pequeñísima escala, el espacio es un pulular fluctuante de cuantos de gravedad que actúan unos con otros y todos juntos con las cosas, y que en estas interacciones se manifiestan como redes de espín, como granos respecto de otros granos (figura 6.5).

El espacio físico es el tejido resultante del pulular constante de esta trama de relaciones. Por sí mismas, las líneas no están en ninguna parte, no están en ningún lugar: son ellas mismas, con sus interacciones, las que crean los lugares. El espacio lo crea el interactuar de cuantos de gravedad individuales.

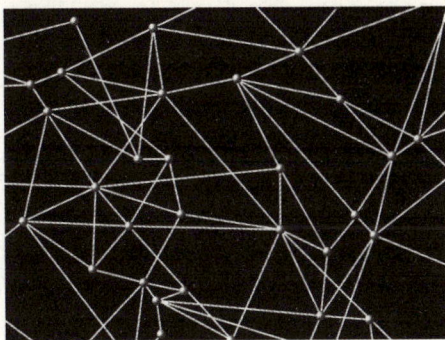

Figura 6.5 A pequeñísima escala, el espacio no es continuo: está formado por elementos finitos interconectados.

Hemos llegado así a una de las características fundamentales de la gravedad cuántica: la estructura discreta del espacio formado por cuantos de espacio que dan título a este libro.[5] Este no es sino el primer paso. El segundo guarda relación con el tiempo. Y al tiempo está dedicado el siguiente capítulo.

7
El tiempo no existe

*Nec per se quemquam tempus sentire fatendumst
semotum ab rerum motu...*

Lucrecio, *De rerum natura*[1]

El lector avisado se habrá percatado de que, en el capítulo anterior, no he hablado del tiempo. Sin embargo, Einstein demostró, hace más de un siglo, que no podemos separar el tiempo y el espacio, que debemos pensar en ellos como en un todo único, el espacio-tiempo. Es hora de hacerlo y de devolver al tiempo su protagonismo.

Durante años, la investigación en materia cuántica ha girado en torno a cuestiones espaciales antes de tener el valor de abordar la del tiempo. En los últimos quince años, el modo de pensar en el tiempo ha empezado a aclararse. Trataré de explicar cómo.

El espacio concebido como amorfo recipiente de las cosas desaparece de la física con la gravedad cuántica. Las cosas (los cuantos) no ocupan el espacio, están unas junto a otras y el espacio es el tejido de sus relaciones de proximidad.

Si debemos abandonar la idea del espacio como recipiente inerte, entonces también debemos abandonar la del tiempo como flujo inerte a lo largo del cual la realidad se desenvuelve. Así como desaparece la noción de espacio continuo que contiene las cosas, así también desaparece la idea de «tiempo» continuo que discurre y en cuyo curso los fenómenos acontecen.

Puede decirse que, en cierto sentido, el espacio deja de existir en la teoría fundamental: los cuantos del campo gravitatorio no están *en* el espacio. Del mismo modo, también el tiempo deja de existir en la teoría fundamental: los cuantos de gravedad no evolucionan *en* el tiempo. Es el tiempo el que nace como consecuencia de sus interacciones. Igual que ocurría con la ecuación de Wheeler-DeWitt, las ecuaciones dejan de contener la variable tiempo. El tiempo, como el espacio, surge del campo gravitatorio cuántico.

Esto ya es así en la teoría de la relatividad general, en la que el tiempo es un aspecto del campo gravitatorio. Pero si prescindimos de los cuantos, aún podemos imaginarnos el espacio-tiempo de una manera bastante convencional, como el tapiz donde se desarrolla la historia del resto de la realidad, aunque sea un tapiz curvo. En cambio, si tenemos en cuenta la mecánica cuántica, hay que reconocer que también el tiempo debe de tener las propiedades de indeterminación probabilística, granularidad y relación que son comunes a toda la realidad. Se convierte en un «tiempo» muy distinto de todo aquello que hasta ahora hemos llamado «tiempo».

Esta segunda consecuencia conceptual de la teoría de la gravedad cuántica es más extrema que la desaparición del espacio. Tratemos de entenderla.

El tiempo no es lo que pensamos

Que el tiempo de la naturaleza es distinto de la idea común que tenemos de él estaba ya claro hace más de un siglo. La relatividad especial y la relatividad general no hicieron sino confirmar esta observación. Hoy, la falsedad de nuestros prejuicios sobre el tiempo puede comprobarse fácilmente en un laboratorio.

Pensemos, por ejemplo, en la primera consecuencia de la relatividad general que ilustrábamos en el capítulo 3: si tomamos dos relojes, asegurándonos de que marcan la misma hora, los ponemos uno en el suelo y otro encima de un mueble, esperamos media hora y los comparamos, ¿marcarán la misma hora?

Si recordamos lo que decíamos en el capítulo 3, la respuesta es no. Los relojes que solemos llevar en la muñeca o en el móvil no son tan precisos que nos permitan comprobar este hecho, pero en muchos laboratorios de física existen relojes lo bastaste precisos como para reflejar la diferencia: el reloj del suelo retrasa con respecto al reloj del mueble.

¿Por qué? Porque el tiempo no transcurre igual en todo el mundo. En algunos lugares pasa más rápido y en otros más lento. Más cerca de la Tierra, donde la gravedad[2] es más intensa, el tiempo se ralentiza. ¿Recuerda el lector a los dos gemelos del capítulo 3 que tienen distinta edad después de que uno haya vivido años en la playa y otro en la montaña? Claro está que el efecto es mínimo: el tiempo que se gana en una vida en la playa respecto del tiempo pasado en la montaña es de unas fracciones de segundo infinitesimales, pero eso no significa que no haya una diferencia real. El tiempo no funciona como solemos pensar.

No podemos pensar en el tiempo como si fuera un gran reloj cósmico que marca la vida del universo. Sabemos desde hace más de un siglo que hay que pensar en el tiempo como en algo local: todos los objetos del universo tienen su propio tiempo que pasa, y lo que determina este tiempo es el campo gravitatorio.

Pero ni siquiera este tiempo local funciona cuando tomamos en consideración la naturaleza cuántica del campo gravitatorio. A esta escala pequeñísima, los fenómenos cuánticos dejan de ordenarse según el paso del tiempo.

Pero ¿qué significa que el tiempo no existe?

Para empezar, la ausencia de la variable tiempo en las ecuaciones fundamentales no significa que todo esté inmóvil y no exista el cambio. Al contrario, significa que el cambio es ubicuo. Lo que ocurre es que los procesos elementales no pueden ordenarse en una sucesión de instantes común. A la pequeñísima escala de los cuantos de espacio, el baile de la naturaleza no se desarrolla al ritmo de la batuta de un único director de orquesta que marque el compás universal, sino que cada proceso baila independientemente con los procesos próximos, siguiendo un ritmo propio. El transcurso del tiempo es inherente al mundo, nace en el mundo mismo, de las relaciones entre acontecimientos cuánticos que son el mundo y engendran ellos mismos su propio tiempo. En realidad, la inexistencia del tiempo no es nada complicada. Tratemos de entenderla.

El pulso y el candelabro

En casi todas las ecuaciones de la física clásica figura el tiempo. Es la variable que tradicionalmente se indica con la letra t. Las ecuaciones nos dicen cómo cambian las cosas en el tiempo y nos permiten predecir lo que sucederá en un tiempo futuro si sabemos lo que ha sucedido en un tiempo pasado. Más exactamente, medimos variables —por ejemplo, la posición A de un objeto, la amplitud B de un péndulo que oscila, la temperatura C de un cuerpo, etcétera— y las ecuaciones de la física nos dicen cómo cambian estas variables A, B, C en el tiempo. Es decir, predicen las funciones $A(t)$, $B(t)$, $C(t)$, etcétera, que describen el cambio de estas variables en el tiempo t a partir de las condiciones iniciales.

Galileo fue el primero que comprendió que el movimiento de los objetos en la Tierra podía describirse con ecuaciones de las funciones del tiempo $A(t)$, $B(t)$, $C(t)$ y formuló las primeras ecuaciones de estas funciones. La primera ley física terrestre que descubrió Galileo, por ejemplo, describe cómo cae un objeto, es decir, cómo varía su altura x con el paso del tiempo t $(x(t) = \frac{1}{2} at^2)$.

Para descubrir y luego comprobar esta ley, Galileo necesitaba dos medidas. Tenía que medir la altura x del objeto y el tiempo t. Necesitaba, pues, un instrumento que midiera el tiempo. O sea, necesitaba un reloj.

161

En la época de Galileo no había relojes precisos, pero él mismo, de joven, había dado con una clave para construirlos. Había observado que las oscilaciones de un péndulo duran lo mismo (aunque su amplitud disminuya). Por tanto, podía medirse el tiempo simplemente contando las oscilaciones de un péndulo. Parece una perogrullada, pero se le ocurrió a Galileo; antes de él no había caído nadie: así es la ciencia.

Pero las cosas no son tan sencillas.

Cuenta la leyenda que Galileo tuvo esta idea en la maravillosa catedral de Pisa, observando las lentas oscilaciones de un gigantesco candelabro, que aún sigue allí colgado. (La historia es falsa, porque el candelabro no se colgó hasta años después, pero es bonita. O puede que fuera otro candelabro, no lo sé...) Durante un oficio religioso —que, evidentemente, le interesaba poco—, nuestro hombre observó las oscilaciones del candelabro al tiempo que se tomaba el pulso y descubrió, emocionado, que el número de latidos era el mismo por cada oscilación y que ese número no variaba cuando el candelabro oscilaba con menos amplitud. De ello dedujo que todas las oscilaciones duraban lo mismo.

La historia es bonita, pero una reflexión más detenida nos deja perplejos, y esta perplejidad constituye el meollo del problema del tiempo. La perplejidad es la siguiente: ¿cómo podía Galileo saber que sus latidos duraban lo mismo?[3]

No muchos años después de Galileo, los médicos empezaron a tomar el pulso a sus pacientes usando un reloj, que no es otra cosa que un péndulo. O sea, usamos el pulso para comprobar la regularidad del péndulo y luego el péndulo para comprobar la regularidad del pulso. ¿No es un círculo vicioso? ¿Qué significa?

Significa que, en realidad, no medimos el tiempo en sí, sino variables físicas A, B, C... (oscilaciones, latidos y muchas cosas más) y comparamos unas variables con otras, es decir, medimos las funciones $A(B)$, $B(C)$, $C(A)$... Podemos contar cuántos latidos hay por cada oscilación, cuántas oscilaciones por cada tic de un cronometro, cuántos tics de un cronómetro con respecto al reloj del campanario... Es *útil* imaginar que existe la variable *t*, el «verdadero tiempo», que subyace a todo, aunque no podamos medirlo directamente. Formulamos todas las ecuaciones para las variables físicas respecto a este *inobservable t*, ecuaciones que nos dicen cómo cambian las cosas en *t*, por ejemplo, cuánto tiempo tarda cada oscilación y cuánto cada latido del corazón. A partir de ahí podemos calcular cómo cambian unas variables respecto de otras, por ejemplo, cuántos latidos hay en una oscilación, y podemos comparar esta previsión con lo que observamos en el mundo. Si las previsiones son acertadas, deducimos que todo este complicado esquema es válido y en particular que es útil usar la variable *t*, aunque no podamos medirla de manera directa.

En otras palabras, la existencia de la variable tiempo es una suposición, no el resultado de ninguna observación.

Newton comprendió todo esto: comprendió que era un esquema útil y lo puso a punto. Newton afirma explícitamente en su libro que el «verdadero» tiempo *t* no podemos medirlo, pero que, si suponemos que existe, nos es posible construir un esquema eficacísimo para entender y describir la naturaleza.

Aclarado esto, veamos lo que pasa con la gravedad cuántica y lo que significa la afirmación de que «el tiempo no existe». Significa ni más ni menos que el esquema newtoniano deja de funcionar cuando nos ocupamos de cosas muy pequeñas. Era un esquema válido, pero sólo para fenómenos grandes.

Si queremos entender el mundo más en general, si queremos entenderlo también en ámbitos menos familiares, debemos renunciar a este esquema. La idea de un tiempo *t* que discurre por sí mismo y respecto al cual todo evoluciona deja de ser una idea eficaz. Ecuaciones de evolución en el tiempo *t* no describen el mundo.

Lo que debemos hacer es limitarnos a enumerar las variables

A, B, C... que *efectivamente* observamos y formular relaciones entre estas variables, o sea, ecuaciones de las relaciones *A(B)*, *B(C)*, *C(A)*... que observamos, y no de las funciones *A(t)*, *B(t)*, *C(t)*... que *no* observamos.

En el ejemplo del pulso y el candelabro, no tendremos el pulso y el candelabro evolucionando en el tiempo, sino sólo ecuaciones que nos dicen cómo uno puede evolucionar respecto del otro. Vale decir, ecuaciones que en lugar de hablar del tiempo *t* de una pulsación y del tiempo *t* de una oscilación del candelabro, nos dicen directamente cuántas pulsaciones hay en una oscilación del candelabro, sin hablar de *t*.

La «física sin tiempo» es la física en la que sólo se habla del pulso y del candelabro, sin mencionar el tiempo.

Se trata de un cambio simple pero, desde un punto de vista conceptual, supone un gran salto. Debemos aprender a pensar en el mundo no como en algo que cambia en el tiempo, sino de otro modo. Las cosas cambian solamente unas con respecto a otras. A nivel fundamental, el tiempo no existe. La impresión del tiempo que discurre es sólo una aproximación que únicamente vale a nuestra escala macroscópica, y que se deriva del hecho de que observamos el mundo a grandes rasgos.

El mundo que la teoría describe dista mucho del que conocemos. No existe el espacio que «contiene» el mundo ni existe el tiempo «a lo largo del cual» las cosas ocurren. Existen procesos elementales en los que cuantos de espacio y materia interactúan sin cesar. La ilusión del espacio y del tiempo continuos que tenemos es la visión desenfocada de este denso pulular de procesos elementales. Igual que un quieto y transparente lago alpino está formado por una zarabanda veloz de miríadas de minúsculas moléculas de agua.

¿Cómo se aplican estas ideas a la gravedad cuántica? ¿Cómo se describe el cambio en el que no existe ni el espacio que contiene el mundo ni el tiempo a lo largo del cual el mundo discurre?

La clave radica en preguntarse cómo se sitúan en el espacio y el tiempo los procesos físicos normales. Pensemos en un proceso cualquiera, como, por ejemplo, el choque de dos bolas de billar sobre la mesa verde. Imaginemos una bola roja lanzada hacia otra amarilla; se acerca, choca y las dos bolas salen despedidas en direcciones opuestas. Este proceso, como todos los procesos, tiene lugar en una zona finita del espacio, digamos una mesa de unos dos metros de lado, y dura un lapso de tiempo finito, digamos tres segundos. Para tratar este proceso en términos de gravedad cuántica, tenemos que incluir el espacio y el tiempo en el proceso (figura 7.1).

O sea, no debemos considerar sólo las dos bolas, sino también todo lo que hay en torno a ellas: la mesa y los demás objetos mate-

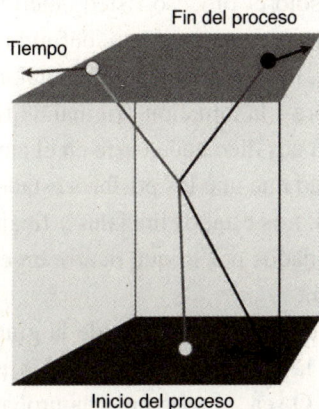

Figura 7.1 Una región de espacio-tiempo en la que una bola negra alcanza una bola blanca quieta, choca y la pone en movimiento. La caja es la región de espacio-tiempo. En su interior se ve la trayectoria que describen las bolas.

riales que pueda haber, y sobre todo el espacio donde están inmersas, más todo el tiempo transcurrido desde que se lanza la bola hasta el momento en que consideremos que acaba el proceso. Recordemos que espacio y tiempo son campo gravitatorio, el «molusco» de Einstein, y, en consecuencia, en el proceso estamos incluyendo también el campo gravitatorio, o sea, una porción del «molusco». Todo se halla inmerso en el gran molusco de Einstein: imaginemos que cortamos una pequeña porción finita, como una porción de sushi, que comprenda el choque de las bolas y cuanto lo rodea.

Lo que obtenemos es una caja de espacio-tiempo, como en la figura 7.1: una porción finita de espacio-tiempo de unos cuantos metros cúbicos de volumen por unos segundos de tiempo. Observemos que *este* proceso no ocurre «en» el tiempo. La caja no está *en* el espacio-tiempo, sino que lo *incluye*. No es un proceso *en* el tiempo, del mismo modo que los granos de espacio no están *en* el espacio. Es él mismo el transcurso del tiempo, igual que los cuantos de gravedad no están *en* el espacio, porque ellos mismos son el espacio.

La clave para entender cómo funciona la gravedad cuántica es considerar no sólo el proceso físico determinado por las dos bolas, sino el proceso en su conjunto, definido por la caja y todo lo que comprende, incluido el campo gravitatorio.

Volvamos ahora a la intuición original de Heisenberg: la mecánica cuántica no nos dice qué ocurre en el curso de un proceso, sino la probabilidad que une los posibles estados iniciales y finales de ese proceso. Los estados iniciales y finales del proceso, en este caso, vienen dados por lo que ocurre en el *borde* de la caja de espacio-tiempo.

Pues bien, lo que las ecuaciones de la gravedad cuántica de lazos nos dan es la probabilidad asociada a todos los posibles *bordes* de la caja. O sea, por ejemplo, la probabilidad de que las bolas salgan del choque de un modo u otro, según hayan entrado de un modo u otro.

¿Cómo se calcula esta probabilidad? ¿Recuerda el lector la «integral de caminos» de Feynman a la que me refería cuando hablábamos de mecánica cuántica? Pues en gravedad cuántica, las probabilidades pueden calcularse de la misma manera. O sea, considerando todas las posibles «trayectorias» que tienen el mismo borde. Como estamos hablando de la dinámica del espacio-tiempo, debemos considerar *todos los posibles espacio-tiempos* que tengan el mismo borde de la caja.

La mecánica cuántica implica que entre el borde inicial, donde entran las dos bolas, y el borde final, donde salen, no hay un espacio-tiempo preciso ni una trayectoria determinada de las bolas. Lo que hay es una «nube» cuántica en la que «existen a la vez» todos los posibles espacio-tiempos y todos los posibles caminos. Y las probabilidades de que las bolas salgan de uno u otro modo se calcula sumando todos los posibles «espacio-tiempos».[4]

Espumas de espín

Si el espacio cuántico tiene estructura de red, ¿qué estructura tendrá un *espacio-tiempo* cuántico? ¿Cómo será uno de los «espacio-tiempos» del cálculo mencionado antes? Pues será una «historia», o sea un camino, de una red. Imaginemos que cogemos una red y la movemos: cada uno de los nodos de esa red dibujará una línea, como la dibujan las bolas de la figura 7.1, y cada uno de los enlaces, una superficie: por ejemplo, si movemos un segmento, dibujamos un rectángulo. Pero hay más: un nodo puede abrirse en dos o más nodos, igual que una partícula desintegrarse en dos o más partículas. O también dos o más nodos pueden combinarse para formar uno solo. De esta forma, una red que evoluciona dibuja una imagen como la de la figura 7.2.

La imagen representada a la derecha en la figura 7.2 se llama «espuma de espín» *(spinfoam,* en inglés). «Espuma» porque, si

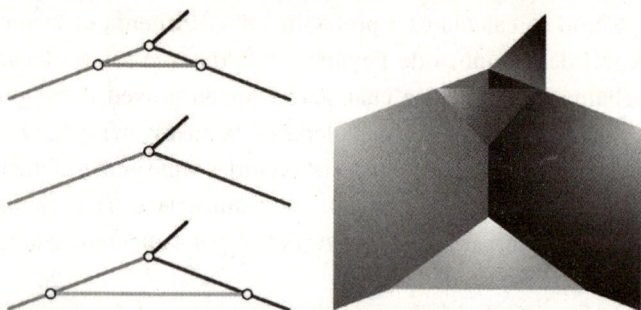

Figura 7.2 Una red de espín que evoluciona: tres nodos se combinan formando un solo nodo y luego vuelven a separarse. A la derecha, la espuma de espín que este proceso dibuja.

Figura 7.3 Espuma de pompas de jabón.

nos fijamos, está hecha de superficies que se encuentran en líneas que, a su vez, se encuentran en vértices, y así es exactamente la espuma de pompas de jabón (figura 7.3), en la que las pompas se encuentran también en líneas que se unen en vértices. Se llama «espuma *de espín*» porque las líneas de las redes de espín están decoradas con espines y, por tanto, las caras de esta espuma están también decoradas con espines, o sea, con números semienteros.

Para calcular las probabilidades de un proceso hay que sumar todas las posibles espumas de espín que hay en la caja, es decir, que tienen el mismo borde, borde que representa la red de espín y la materia que entra y sale del proceso.

Las ecuaciones de la gravedad cuántica de lazos expresan estas probabilidades en forma de sumas de espumas de espín de borde fijo. De esta manera, y en principio, pueden calcularse las probabilidades de todos los fenómenos. (Para ser exactos, la estructura de los vértices de esta espuma es un poco más compleja que la representada en la figura 7.2 y se parece más a la de la figura 7.4.)

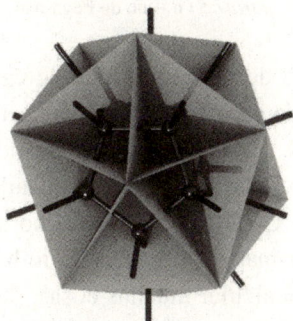

Figura 7.4 La forma de un vértice de una espuma de espín. Gentileza de Greg Egan.

Las teorías cuánticas de campo que forman el modelo estándar de las partículas elementales, y que hasta ahora han demostrado ser perfectamente válidas, son de dos tipos. Del primer tipo es ejemplo la electrodinámica cuántica o QED *(Quantum Electro-Dynamics),* elaborada por Feynman. En esta teoría se calculan números asociados a los «gráficos de Feynman» que representan los procesos elementales de las partículas. La figura 7.5 es un ejemplo de gráfico de Feynman.

La figura representa dos partículas, esto es, dos cuantos del campo, que interactúan. Al principio, la partícula de la izquierda se desintegra en dos partículas, una de las cuales, a su vez, se divide en otras dos, que luego se unen y confluyen en la partícula de la derecha. El gráfico representa, pues, una *historia* de cuantos del campo.

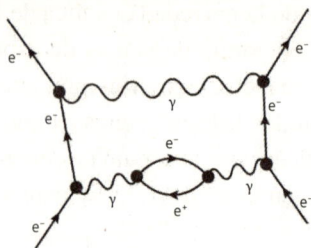

Figura 7.5 Gráfico de Feynman.

El segundo tipo de teoría cuántica de campo que funciona bien lo ejemplifica la cromodinámica cuántica o QCD *(Quantum Chromo-Dynamics)*, otro componente del modelo estándar que describe, por ejemplo, las fuerzas de los quarks en el interior de los protones. En la QCD, muchas veces no se puede aplicar la técnica de los diagramas de Feynman. Pero hay otra técnica que funciona bien para calcular muchas cosas. Se llama «teoría del retículo» y consiste en aproximar el espacio físico continuo por medio de un retículo, como en la figura 7.6. A diferencia de lo que ocurre en el caso de la gravedad cuántica, este retículo no es una verdadera descripción del espacio, sino sólo una aproximación, como cuando los ingenieros calculan la resistencia de un puente aproximándola con un número determinado de elementos.

Estas dos técnicas de cálculo, los diagramas de Feynman y el retículo, son los dos instrumentos más eficaces de la teoría cuántica de campo.

En gravedad cuántica, sin embargo, ocurre una cosa curiosa: las dos técnicas de cálculo resultan ser lo mismo. Así, la espuma de espacio-tiempo representada en la figura 7.2, que se usa para calcular los procesos físicos, se puede interpretar como un gráfico de Feynman *y* como un cálculo de retículo.

Es un gráfico de Feynman porque es exactamente una historia de cuantos, como en los gráficos de la QED. Sólo que, ahora, los cuantos no son cuantos que se mueven en el espacio, sino que

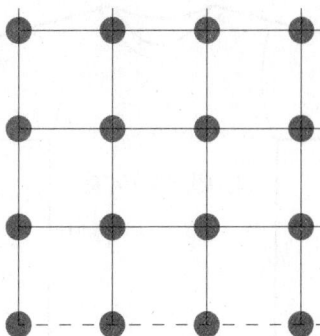

Figura 7.6 Retículo que aproxima el espacio-tiempo físico.

son cuantos de espacio. Y, por tanto, el grafo que dibujan con sus interacciones no es una representación del movimiento de partículas en el espacio, sino una representación de la trama del espacio mismo. Y esta trama es también un retículo como el que se usa en los cálculos de QCD, con la diferencia de que no se trata de una aproximación, sino de la estructura granular *real* del espacio a pequeña escala. Las técnicas de cálculo de la QED y de la QCD resultan ser casos particulares de una técnica general, que es la suma de *spinfoams* de la gravedad cuántica.

Como en el caso de las ecuaciones de Einstein, tampoco aquí me resisto a consignar el conjunto completo de las ecuaciones que describen la teoría, aunque, claro está, el lector no sabrá descifrarlas, a menos que se ponga a estudiar muchas matemáticas y muchos textos técnicos. Decía uno que una teoría no es creíble si sus ecuaciones no caben en una camiseta. Pues aquí tenemos la camiseta (figura 7.7):

Estas ecuaciones son la versión matemática de la descripción del mundo que he hecho en los dos últimos capítulos.[5] Por supuesto, no sabemos a ciencia cierta si son las verdaderas ecuaciones, si hay que modificar alguna parte o, incluso, cambiarlas radicalmente. Pero creo que es lo que, por ahora, mejor comprendemos.

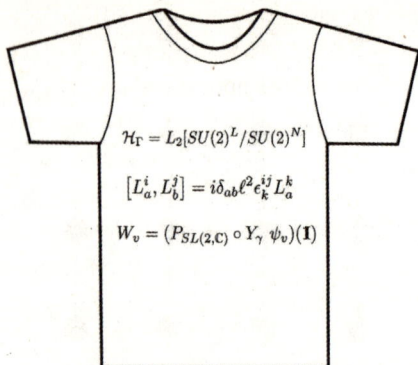

Figura 7.7 Las ecuaciones de la gravedad cuántica de lazos resumidas en una camiseta.

El espacio es una red de espín cuyos nodos constituyen los granos elementales y cuyos enlaces representan las relaciones de proximidad de esos nodos. El espacio-tiempo lo crean los procesos por los cuales estas redes de espín se transforman unas en otras, expresados por sumas de espumas de espín en las que una espuma de espín representa una trayectoria ideal de una red de espín, vale decir, un espacio-tiempo granular, en el que los nodos de la red se unen y se separan.

Este pulular microscópico de cuantos que crea el espacio y el tiempo subyace a la quieta apariencia de la realidad macroscópica que nos rodea. Cada centímetro cúbico de espacio y cada segundo que pasa son el resultado de esta espuma en la que se agitan pequeñísimos cuantos.

¿De qué está hecho el mundo?

Ha desaparecido el espacio de fondo, ha desaparecido el tiempo, han desaparecido las partículas clásicas, han desaparecido los campos clásicos. ¿De qué está hecho el mundo?

La respuesta es ahora sencilla: las partículas son cuantos de campos cuánticos; la luz está formada por cuantos de un campo; el espacio no es sino un campo, cuántico también; y el tiempo nace de los procesos de ese mismo campo. En otras palabras, el mundo está hecho enteramente de campos cuánticos (figura 7.8).

Estos campos no viven *en* el espacio-tiempo; viven, por decirlo así, uno sobre otro: campos sobre campos. El espacio y el tiempo que percibimos a gran escala son la imagen desenfocada y aproximada de uno de estos campos cuánticos: el campo gravitatorio.

Los campos que viven sobre sí mismos, sin necesidad de un espacio-tiempo que les sirva de sustrato, de sostén, capaces de generar ellos mismos el espacio-tiempo, se llaman «campos cuánticos *covariantes*». La sustancia de la que está hecho el mundo se ha simplificado drásticamente en los últimos años. El mundo, las par-

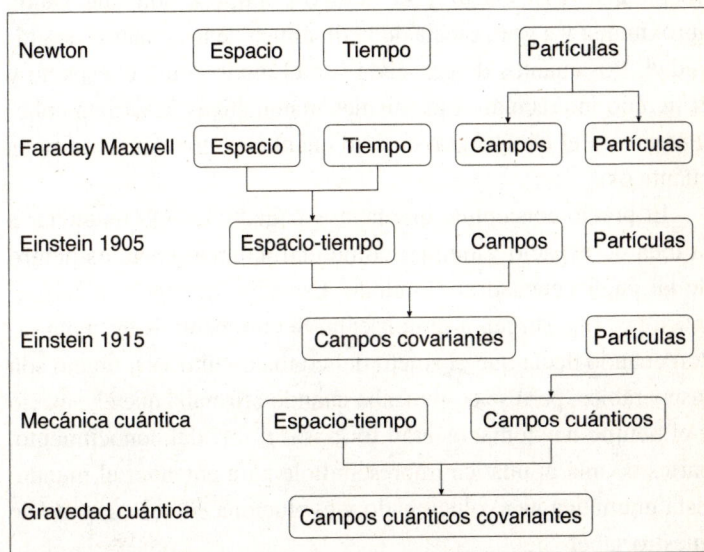

Figura 7.8 ¿De qué está hecho el mundo? De un solo ingrediente: campos cuánticos covariantes.

tículas, la energía, el espacio y el tiempo, todo eso no es sino la manifestación de un único tipo de entidad: los campos cuánticos covariantes.

Los campos cuánticos covariantes son la mejor descripción que hoy tenemos del ἀπείρων, el *ápeiron,* la sustancia primordial de la que todo está formado, que postulara el primer científico y el primer filósofo, Anaximandro.[6]

La separación entre el espacio curvo y continuo de la relatividad general de Einstein y los cuantos discretos de la mecánica cuántica que ocupan un espacio plano y uniforme ya no tiene sentido. La aparente contradicción ya no existe. Entre el continuo del espacio-tiempo y los cuantos de espacio no hay sino la misma relación que existe entre las ondas electromagnéticas y los fotones. Las ondas son una visión aproximada y a gran escala de los fotones. Los fotones son el modo como las ondas interactúan. El espacio y el tiempo continuos son una visión aproximada y a gran escala de la dinámica de los cuantos de gravedad. Los cuantos de gravedad son el modo como el espacio y el tiempo interactúan. Las mismas matemáticas describen coherentemente el campo gravitatorio cuántico y los demás campos cuánticos.

El precio conceptual que hemos pagado ha sido renunciar a la idea de espacio y tiempo como estructuras generales dentro de las cuales encuadrar el mundo. Espacio y tiempo son aproximaciones que surgen a gran escala. Seguramente Kant tenía razón cuando decía que el sujeto del conocimiento y su objeto son inseparables, pero se equivocaba cuando afirmaba que el espacio y el tiempo newtonianos eran formas *a priori* del conocimiento, partes de una gramática imprescindible para entender el mundo. Esta gramática ha evolucionado y evoluciona con el aumento de nuestro saber.

La relatividad general y la mecánica cuántica no son, después de todo, tan incompatibles como parecía al principio. Al contrario, se dan la mano y se hablan con complicidad. Las relaciones espaciales que tejen el espacio curvo de Einstein son las mismas interacciones que tejen las relaciones de los sistemas elementales de la mecánica cuántica. Vemos que son compatibles y aliadas, dos caras de la misma moneda, en cuanto nos damos cuenta de que el espacio y el tiempo son aspectos de un campo cuántico y los campos cuánticos pueden vivir también sin «pisar» un espacio exterior.

Este cuadro simplificado de la estructura fundamental del mundo físico es la visión de la realidad que nos ofrece hoy la gravedad cuántica de lazos.

La ventaja principal de esta física es que, como veremos en la parte siguiente, el infinito desaparece. Lo infinitamente pequeño ya no existe. Los infinitos que aquejaban a la teoría cuántica de los campos, definida en un espacio continuo, desaparecen, porque los generaba la suposición, físicamente errónea, de la continuidad del espacio. Las singularidades que hacían absurdas las ecuaciones de Einstein cuando el campo gravitatorio era muy fuerte desaparecen: las causaba el pasar por alto el carácter cuántico del campo. Poco a poco, las piezas del rompecabezas van encajando. En las últimas partes del libro hablaré de algunas consecuencias físicas de la teoría.

Puede parecer arduo y extraño pensar en estas entidades discretas elementales que no están en el espacio ni en el tiempo, sino que tejen el espacio y el tiempo con sus relaciones. Pero ¿qué extraño no parecería Anaximandro cuando decía que debajo de nuestros pies quizá sólo había el mismo cielo que vemos sobre nuestras cabezas? ¿O Aristarco, cuando quiso medir la distancia de la Luna y el Sol y descubrió que están lejísimos y no son bolitas, sino cuerpos gigantescos, y que el Sol es muchísimo más grande que la Tierra? ¿O Hubble, cuando se dio cuenta de que las nubecillas diáfanas que hay entre las estrellas son en realidad inmensos mares de estrellas inmensamente lejanos?...

El mundo no ha hecho sino ampliarse durante siglos. Vemos más de él, lo entendemos mejor y seguimos asombrándonos de su variedad, siempre mayor de lo que imaginábamos, y de lo limitado de las imágenes que teníamos de él. Al mismo tiempo, la descripción que hacemos del mundo cada vez se simplifica más.

Somos pequeños topos ciegos y subterráneos que poco o nada saben del mundo, pero que siguen aprendiendo...

Todo eso demuestra ser algo más que fantasía y cobra mayor realidad; aunque sigue resultando extraño y maravilloso.[7]

Cuarta parte
Más allá del espacio y del tiempo

En la parte anterior he expuesto las bases de la gravedad cuántica y la imagen del mundo que de ella se deriva.

En estos capítulos finales hablo de algunas posibles consecuencias de la teoría y de lo que esta nos dice sobre fenómenos como el *big bang* y los agujeros negros. Trato asimismo del estado actual de los experimentos que se hacen o podrían hacerse para probar la teoría y de lo que creo que la naturaleza está diciéndonos, en particular por el hecho de que no hayamos observado las partículas supersimétricas que esperábamos observar.

Por último, hago algunas reflexiones sobre lo que creo que aún debemos llevar a cabo para entender el mundo: definir el papel de la termodinámica y de la información en una teoría sin tiempo ni espacio como es la gravedad cuántica y entender el surgimiento del tiempo.

Todo esto nos lleva al borde de lo que sabemos, desde el que nos asomamos a aquello que no sabemos, el misterio bello e inmenso que nos rodea.

8

Más allá del *big bang*

El Maestro

En 1927 un joven científico belga educado por los jesuitas, que se había ordenado sacerdote católico unos años antes, estudia las ecuaciones de Einstein y se da cuenta, como poco antes se había percatado Einstein, de que pueden predecir la expansión o contracción del universo. Pero en vez de negar este resultado, como había hecho Einstein, y de empeñarse en borrarlo, el cura belga se lo toma en serio y pide que le envíen los primeros datos disponibles sobre la observación de las galaxias.

Entonces no se llamaban «galaxias», se llamaban «nebulosas», porque vistas por el telescopio parecían nubecillas opalescentes que había entre las estrellas y aún no estaba claro que fueran lejanas e inmensas islas de estrellas como nuestra propia galaxia. Pero el joven belga comprende que los datos son compatibles con la idea de que, efectivamente, el universo está expandiéndose: las galaxias vecinas se alejan a gran velocidad, como si las hubieran lanzado. Las más lejanas se alejan aún más velozmente. Todo el universo está inflándose como un globo.

La intuición se confirmó dos años después gracias a dos astrónomos norteamericanos, Henrietta Leavitt (figura 8.1) y Edwin Hubble. La primera inventó una técnica para medir la distancia de las nebulosas que permitió confirmar que se hallan lejos, fuera de nuestra galaxia. El segundo, usando la misma técnica y el gran telescopio del observatorio de Monte Palomar, obtuvo datos precisos que corroboraron el hecho de que las galaxias se alejan.

Figura 8.1 Henrietta Leavitt.

Pero fue el joven belga quien dedujo, ya en 1927, la consecuencia crucial: si vemos una piedra que sube, es que antes estaba más abajo y algo la ha lanzado hacia arriba. Si vemos que las galaxias se alejan y el universo se expande, es que antes las galaxias estaban cerca y el universo era pequeño, y algo ha provocado su expansión. El joven belga sugiere que, al principio, el universo era muy pequeño y comprimido y empezó a expandirse a consecuencia de algo como una enorme explosión. A ese estado inicial lo llama «átomo primordial». Hoy lo llamamos *«big bang»*.

Se llama Georges Lemaître (figura 8.2). En francés, «Lemaître» suena como «el Maestro»: pocos nombres hay tan apropiados. Pero, pese a ello, Lemaître tenía un carácter esquivo y reservado, rehuía las polémicas y nunca hizo nada para evitar que el mérito del descubrimiento de la expansión del universo se atribuyera a Hubble más que a él. Sin embargo, su pensamiento sobresalía y hoy vivimos a la sombra de dicho pensamiento. Dos episodios de su vida ilustran su profunda inteligencia. El primero tiene que ver con Einstein; el segundo, con el Papa.

Figura 8.2 Georges Lemaître. © Archives Georges Lemaître, Lovaina.

Einstein —como he dicho— era al principio muy escéptico respecto de la expansión del universo. Se había educado creyendo que el universo estaba inmóvil y no supo ver enseguida que no era así. También los grandes hombres se equivocan y son víctimas de sus ideas preconcebidas. Lemaître se encontró con Einstein y trató de disuadirlo de sus prejuicios. Einstein se resistió al principio. Llegó a decirle: «Cálculos correctos, física abominable». Luego tuvo que reconocer que Lemaître tenía razón. No todos podemos desmentir a Einstein.

La cosa se repitió: Einstein había introducido la «constante cosmológica», pequeña pero importante modificación de sus ecuaciones, con la esperanza (infundada) de hacer estas ecuaciones compatibles con un universo estático. Cuando admitió que el universo no era estático, quiso deshacerse de la constante cosmológica. Lemaître, de nuevo, intentó disuadirlo: la constante cosmológica no hace al universo estático, pero sigue siendo válida y no hay razón para suprimirla. También en este caso llevaba razón Lemaître: la constante cosmológica produce una aceleración de la expansión del universo que ha podido medirse recientemente.

Una vez más, Einstein se equivocaba y Lemaître estaba en lo cierto.

Cuando la idea de que el universo tuvo su origen en un *big bang* empezó a difundirse, el papa Pío XII declaró en un discurso público (el 22 de noviembre de 1951) que la teoría del *big bang* confirmaba el relato del Génesis.[1] Esta toma de posición del Santo Padre preocupó mucho a Lemaître, que se puso en contacto con el consejero científico del Papa y por su conducto pudo convencer al Santo Padre para que no volviera a hablar en público de la relación entre la creación divina y el *big bang*. Lemaître creía que mezclar así ciencia y religión era absurdo: la Biblia no sabe de física y la física no sabe de Dios.[2] Pío XII se avino a razones y no volvió a referirse al tema en público. No todos podemos desmentir al Papa.

Y, por supuesto, también en este caso tenía razón Lemaître: hoy se habla mucho de la posibilidad de que el *big bang* no sea el verdadero principio y de que antes hubiera otro universo. Imaginémonos en qué apuro se hallaría hoy la Iglesia católica si Lemaître no hubiera callado al Papa y la doctrina oficial fuera que el *big bang* es la creación. ¡En lugar de *Fiat lux* habría que decir *Vuelva a hacerse la luz!*

Desmentir a Einstein *y* al Papa, convencerlos de que se equivocan, y tener razón en ambos casos, no es sin duda poca cosa. «El Maestro» merece su nombre.

Hoy se acumulan las pruebas de que el universo fue, en un remoto pasado, una bola compacta y sumamente caliente y que desde entonces se expande. Podemos reconstruir con detalle la historia del universo a partir de un estado inicial caliente y comprimido. Podemos reconstruir cómo, desde dicho estado inicial, se formaron los átomos, los elementos, las galaxias, las estrellas y el universo como actualmente los vemos. En 2013, las observaciones de la radiación que llena el universo hechas por el satélite Planck confirmaron una vez más plenamente la teoría del *big bang*.

Hoy, pues, conocemos con razonable certeza lo que ocurrió en nuestro universo en los últimos catorce mil millones de años, desde que era una bola de fuego caliente y densa.

¡Y pensar que, al principio, el nombre un tanto ridículo de «*Teoría del big bang*» lo inventaron los adversarios de esta teoría para burlarse de una idea más bien chocante! Pero al final nos hemos convencido todos: hace catorce mil millones de años el universo era una bola de fuego comprimida.

Pero ¿qué ocurrió *antes* de este estado inicial caliente y comprimido?

Conforme retrocedemos en el tiempo, aumenta la temperatura y con ella la densidad de la materia y la energía. Llega un momento en que alcanzan la escala de Planck, momento que se remonta, precisamente, a catorce mil millones de años. En ese instante las ecuaciones de la relatividad general dejan de ser válidas, porque entra en juego la mecánica cuántica. Estamos en el reino de la gravedad cuántica.

Cosmología cuántica

Para saber lo que ocurrió hace catorce mil millones de años, pues, necesitamos la gravedad cuántica. ¿Qué nos dicen los lazos?

Pensemos en una situación parecida, pero mucho más simple. Según la mecánica clásica, un electrón que cayera en línea recta hacia un núcleo sería absorbido por el núcleo y desaparecería. Pero no es esto lo que sucede en la realidad. La mecánica clásica está incompleta y hay que tener en cuenta los fenómenos cuánticos. Un electrón real es un objeto cuántico y, por tanto, no sigue una trayectoria exacta: no es posible localizarlo en un punto único durante más de un instante. Mejor dicho, cuanto más se lo localiza con precisión, más rápido se escabulle. Si quisiéramos detenerlo en torno al núcleo, como máximo podríamos reducirlo a un orbital de las dimensiones de los orbitales atómicos: no podría acercarse más al núcleo sino por un breve instante, tras el cual se escabulliría. De modo que la mecánica cuántica impide que un electrón real caiga en un núcleo. Es como si hubiera una fuerza repelente de naturaleza cuántica que rechaza al electrón cuando este se acerca demasiado al núcleo. Gracias a la mecánica cuántica, la materia es estable. Si no fuera por ello, todos los electrones se precipitarían en los núcleos, no habría átomos y nosotros no existiríamos.

En el universo ocurre lo mismo. Imaginemos un universo que estuviera contrayéndose y empequeñeciéndose, aplastado bajo su propio peso. Según la teoría clásica, esto es, según las ecuaciones de Einstein, este universo se comprimiría infinitamente hasta desaparecer en un punto, como el electrón que cae en el núcleo. Y como el *big bang* puntiforme de las ecuaciones de Einstein, que prescinden de la mecánica cuántica.

Pero si tenemos en cuenta la mecánica cuántica, descubrimos que el universo no puede contraerse más allá de determinada medida. Es como si hubiera una fuerza cuántica repelente que hace que rebote. Un universo que se contrae no desaparece en un punto, sino que rebota y empieza a expandirse de nuevo como si saliera de una explosión cósmica (figura 8.3).

El pasado de nuestro universo podría muy bien ser el resultado de un rebote así. Un gigantesco rebote o, como se dice en inglés, un *big bounce,* en lugar de un *big bang*. Esto es lo que se desprende de las ecuaciones de la gravedad cuántica de lazos cuando se aplican a la expansión del universo.

La imagen del rebote no ha de tomarse al pie de la letra. Es más bien una metáfora. Volviendo al electrón, recordemos que, cuando acercamos mucho un electrón al átomo, el electrón deja de ser una partícula y se convierte en una nube de probabilidades. El electrón deja de ocupar una posición precisa. Lo mismo vale para el universo: en el momento crucial del *big bang,* espacio y

Figura 8.3 El rebote del universo. Gentileza de Francesca Vidotto.

tiempo pasan de ser objetos definidos a ser una nube de probabilidades en la que el espacio y el tiempo han desaparecido. En el *big bang*, el mundo queda disuelto en una nube de probabilidades, que las ecuaciones siguen describiendo.

Nuestro universo podría ser el resultado del colapso de otro universo que hubiera pasado por esta fase cuántica en que espacio y tiempo se disuelven en probabilidades.

Obviamente, aquí la palabra «universo» resulta ambigua. Si por universo entendemos «todo lo que hay», entonces, por definición, no puede haber otro universo. Pero la palabra «universo» ha acabado teniendo otro sentido en cosmología: designa el continuo espacio-temporal que vemos alrededor, lleno de galaxias y cuya geometría e historia podemos estudiar. En *este* sentido, no podemos asegurar que sólo haya un universo. En concreto, si podemos reconstruir la historia del pasado hasta un lugar y un tiempo en que sabemos que, como en la imagen de John Wheeler, este continuo rompe y espumea como las olas del mar y se convierte en una nube cuántica, no veo por qué no podemos pensar seriamente que, más allá de esta espuma caliente, no puede haber otro continuo espacio-temporal parecido al que vemos alrededor.

La probabilidad de que un universo llegue a la fase del *big bang* y pase de contraerse a expandirse puede calcularse usando las técnicas que expongo en el último capítulo de este libro: las cajas de espacio-tiempo. Se suman espumas de espín que conectan un universo que se contrae con otro que se expande.

Todo esto está aún en fase de exploración, pero lo extraordinario del caso es que hoy disponemos de ecuaciones con las que podemos describir estos fenómenos. Estamos empezando a asomarnos, tímida y, de momento, sólo teóricamente, a lo que hay al otro lado del *big bang*.

9

¿Pruebas empíricas?

El interés de la cosmología cuántica no estriba sólo en la fascinación que supone explorar lo que podría haber más allá de nuestro universo. Hay otro motivo para estudiar la aplicación de la teoría a la cosmología: esta podría decirnos si la teoría es o no correcta.

La ciencia funciona porque, después de hipótesis y razonamientos, de intuiciones y visiones, de ecuaciones y cálculos, podemos decir si hemos acertado o no: la teoría hace predicciones sobre cosas que aún no hemos observado y podemos comprobar si son correctas o no. Esta es la gran fuerza de la ciencia, lo que le da credibilidad y nos permite encomendarnos a ella con tranquilidad: podemos saber si una teoría es verdadera o falsa. Y esto es lo que distingue la ciencia de otras formas de pensamiento en las que decidir quién tiene razón y quién se equivoca suele ser una cuestión bastante más espinosa y a veces incluso carente de sentido.

Cuando Lemaître afirma que el universo se expande y Einstein lo niega, uno de los dos tiene razón y el otro se equivoca. Todos los logros de Einstein, su fama, su influencia en el mundo científico, su inmensa autoridad no cuentan. Las observaciones demuestran que se equivoca y eso zanja la cuestión. El desconocido cura belga lleva razón. Por este motivo tiene el pensamiento científico la fuerza que tiene.

La sociología de la ciencia ha puesto de manifiesto la complejidad del proceso de crecimiento del saber científico, el cual, como toda empresa humana, está entreverado de irracionalidad y sujeto a los juegos del poder y a toda suerte de influjos sociales y culturales. Aun así, y contra las exageraciones de algunos posmodernistas, relativistas culturales y demás, eso no merma la eficacia práctica y, sobre todo, teórica del pensamiento científico, que se funda en el hecho de que, al final, casi siempre es posible decir con absoluta seguridad quién tiene razón y quién se equivoca. También el gran Einstein ha de reconocer (como en efecto reconoció): «¡Ah, me equivocaba!».

Esto no significa que la ciencia se reduzca al arte de hacer predicciones medibles. Algunos filósofos de la ciencia limitan la ciencia a sus previsiones numéricas. Yo creo que no han entendido lo que es la ciencia, porque confunden los instrumentos con el objetivo. Las previsiones cuantitativas verificables son un instrumento para someter a prueba las hipótesis. El objetivo de la investigación científica no es hacer previsiones: es comprender cómo funciona el mundo. Construir y desarrollar una imagen del mundo, una estructura conceptual para pensarlo. Antes que técnica, la ciencia es visionaria.

Las predicciones verificables son el arma afilada que nos permite saber cuándo nos hemos equivocado. Una teoría sin observaciones que la corroboren es una teoría que aún no ha hecho los exámenes. Estos no acaban nunca. Uno, dos o tres experimentos jamás confirman del todo una teoría. Esta resulta más y más creíble a medida que sus predicciones se revelan acertadas. Teorías como la relatividad general y la mecánica cuántica, que al principio suscitaban mucha incredulidad, han merecido cada vez mayor crédito porque todas sus predicciones, incluso las más insospechadas y aparentemente extravagantes, se veían confirmadas por experimentos y observaciones.

La importancia de las pruebas experimentales tampoco significa que, sin datos experimentales nuevos, no puedan hacerse avances. Muchas veces se dice que la ciencia sólo avanza cuando hay datos experimentales nuevos. Si esto fuera verdad, tendríamos pocas esperanzas de crear la teoría de la gravedad cuántica antes de hacer alguna nueva medición; pero no es cierto. ¿De qué datos nuevos disponía Copérnico? De ninguno. Tenía los mismos que Tolomeo. ¿Qué datos nuevos tenía Newton? Casi ninguno. Sus verdaderos ingredientes eran las leyes de Kepler y los descubrimientos de Galileo. ¿Qué datos tenía Einstein para concebir la teoría de la relatividad general? Ninguno. Sus ingredientes son la relatividad especial y la teoría de Newton. No es verdad que la física sólo pueda avanzar cuando dispone de nuevos datos.

Lo que hicieron Copérnico, Newton, Einstein y muchos otros fue construir cosas nuevas sobre teorías ya existentes, teorías que sintetizaban el saber empírico en vastos campos de la naturaleza, y que ellos supieron combinar y repensar mejor.

En esto se basa la mejor investigación en materia de gravedad cuántica. El origen del saber, como siempre ocurre en la ciencia, es, en última instancia, empírico, cierto; pero los datos con que se construye la teoría de la gravedad cuántica no son experimentos nuevos: son las concepciones teóricas que ya estructuraban nuestro conocimiento del mundo de una manera parcialmente coherente. Los «datos experimentales» de la teoría de la gravedad cuántica son la relatividad general y la mecánica cuántica. Basándonos en ellas y tratando de entender cómo puede ser un mundo coherente en el que existan los cuantos y el espacio sea curvo, nos asomamos a lo desconocido.

El éxito inmenso de los gigantes que nos han precedido en tales operaciones, como Newton, Einstein y Dirac, nos da ánimos. No pretendemos estar a su altura. Pero tenemos la ventaja de ir subidos a sus hombros y eso nos da la posibilidad de ver más que ellos. De un modo u otro, debemos intentarlo.

Hay que distinguir entre indicios y pruebas. Los indicios son los que ponen a Sherlock Holmes en la buena pista y le permiten resolver un caso misterioso. Las pruebas son las que el juez necesita para mandar a la cárcel al culpable. Los indicios sirven para ponernos en la senda de la teoría correcta. Las pruebas son las que luego confirman o no que la teoría es realmente válida. Sin indicios, buscamos en direcciones erróneas. Sin pruebas, permanecemos en la duda.

Lo mismo puede decirse de la teoría de la gravedad cuántica. Está en su infancia. Su aparato teórico está consolidándose y las ideas básicas se perfilan claramente, los indicios son vehementes, pero siguen faltando previsiones confirmadas. La teoría no ha hecho los exámenes.

Señales de la naturaleza

Ahora bien, creo que la naturaleza está dándonos señales favorables.

La alternativa más estudiada a la teoría expuesta en este libro es la teoría de cuerdas. Cuando se puso en funcionamiento el gran acelerador de partículas del CERN de Ginebra llamado LHC *(Large Hadron Collider)*, casi todos los físicos que trabajaban en la teoría de cuerdas, o en teorías relacionadas con ella, esperaban que enseguida se verían partículas de un nuevo tipo que la teoría de cuerdas preveía, pero que hasta el momento no se han observado: las partículas supersimétricas. La teoría de cuerdas necesita estas partículas para ser consistente: por eso los «cuerdistas» esperaban verlas. Por contra, la teoría de la gravedad cuántica de lazos está bien definida incluso sin partículas supersimétricas, por lo que los «buclistas» esperaban más bien que dichas partículas no existieran.

Las partículas supersimétricas no se han visto, para gran decepción de muchos. El gran alboroto que siguió al descubrimiento de la partícula de Higgs en 2013 sirvió también para disimular tal decepción. Las partículas supersimétricas no están ahí, en la energía, donde muchos cuerdistas esperaban encontrarlas. Por supuesto, no es una prueba definitiva de nada, ni mucho menos; pero me parece que, entre las dos alternativas, la naturaleza está dando algún pequeño indicio en favor de los lacistas.

Dos son los importantes resultados experimentales obtenidos en 2013, en lo que a la física fundamental se refiere. El primero es el descubrimiento del bosón de Higgs en el CERN de Ginebra, del que habló la prensa en todo el mundo (figura 9.1). El segundo son las mediciones del satélite Planck (figura 9.2), cuyos datos se hicieron públicos en 2013. Estas son las señales recientes que nos ha enviado la naturaleza.

Los dos resultados tienen algo en común: que no sorprendieron en absoluto. El descubrimiento del bosón de Higgs es una prueba fehaciente del modelo estándar de las partículas elementales, basado en la mecánica cuántica, y confirma una previsión que se hizo hace treinta años. Las mediciones de Planck son una prueba fehaciente del modelo estándar cosmológico, basado en la relatividad general con la constante cosmológica. Ambos resultados, obtenidos con grandes esfuerzos tecnológicos, estrecha colaboración de científicos y costes considerables, no hacen sino reforzar la imagen que teníamos de la evolución del universo. No han suscitado verdadera sorpresa. Pero esta falta de sorpresa sí ha sorprendido a muchos que esperaban sorpresas. En el CERN esperaban ver partículas supersimétricas, no el bosón de Higgs. Y muchos esperaban que el satélite Planck registrara discrepancias respecto del modelo estándar cosmológico que abonaran esta o aquella teoría cosmológica alternativa, esta o aquella alternativa a la relatividad general.

Pero no. Lo que la naturaleza está diciéndonos es muy sencillo: relatividad general, mecánica cuántica y, en el ámbito de la mecánica cuántica, modelo estándar.

Muchos físicos teóricos buscan nuevas teorías haciendo hipótesis aventuradas y arbitrarias. «Imaginemos que...» No creo

Figura 9.1 Un fenómeno en el CERN que muestra la formación de una partícula de Higgs.

Figura 9.2 El satélite Planck.

que este modo de hacer ciencia haya dado nunca buenos resultados. Nuestra fantasía es demasiado limitada como para poder «imaginar» cómo es el mundo sin servirnos de las pistas que tenemos. Y las pistas que tenemos, nuestros indicios, son las teorías que han tenido éxito y los datos experimentales, nada más. Con estos datos y con estas teorías debemos tratar de descubrir lo que aún no hemos podido imaginar. Es lo que hicieron Copérnico, Newton, Maxwell y Einstein. Nunca «intentaron imaginar» ninguna teoría nueva, que es lo que hacen hoy, a mi juicio, demasiados físicos teóricos.

Es como si los dos resultados experimentales de 2013 hablaran por boca de la naturaleza: «Dejad de soñar con nuevos campos y partículas, con dimensiones suplementarias, con más simetrías, con universos paralelos, con cuerdas y demás. Los datos del problema son sencillos: relatividad general, mecánica cuántica y modelo estándar. Sólo hay que "combinarlos" adecuadamente para dar otro paso adelante». Es una indicación que nos confirma en la dirección de la gravedad cuántica de lazos, porque estas son las hipótesis de la teoría: relatividad general, mecánica cuántica y compatibilidad con el modelo estándar, nada más. Las radicales consecuencias conceptuales, los cuantos de espacio, la desaparición del tiempo, no son hipótesis peregrinas, sino resultado de habernos tomado en serio dos teorías y haber extraído sus consecuencias.

Una vez más, sin embargo, no son pruebas definitivas, desde luego. Por ejemplo, podrían existir partículas supersimétricas a una escala a la que aún no hemos llegado, y sin que la teoría de lazos dejara de ser correcta. Por tanto, y aunque es verdad que la supersimetría no se ha manifestado donde se esperaba que lo hiciera y los cuerdistas están más tristes y los lacistas más alegres, siguen siendo indicios y no pruebas.

Para hallar pruebas más sólidas de la teoría hay que buscar en otro sitio y el universo primordial podría abrir una ventana a un futuro, esperemos, no muy lejano en que las predicciones de la teoría podrían confirmarse... o verse refutadas.

Una ventana a la gravedad cuántica

Si tenemos las ecuaciones que describen el paso del universo de la fase cuántica inicial, podemos calcular los efectos de los fenómenos cuánticos primordiales en el universo que hoy observamos. Hoy el universo conserva muchos vestigios de fenómenos iniciales. Todo él está lleno de la llamada radiación cósmica de fondo: un mar de fotones que inunda el cosmos y que es lo que queda del resplandor de la gran explosión original.

En otras palabras, el campo electromagnético del espacio inmenso que media entre las galaxias no está vacío, sino que vibra como la superficie del mar después de la tormenta. Esta vibración que llena el universo es la *radiación cósmica de fondo*, que los últimos años ha sido observada por satélites como COBE (lanzado en 1989), WMAP (2001) y, recientemente, Planck. La figura 9.3 ilustra las fluctuaciones minúsculas de dicha radiación. Los detalles de la estructura de esta radiación nos cuentan la historia del universo y, escondidas entre los pliegues de estos detalles, también podría haber huellas del origen cuántico del universo.

Uno de los sectores más activos de la investigación en materia de gravedad cuántica de lazos está estudiando cómo la dinámica cuántica del universo primordial se refleja en estos datos. Los resultados son preliminares, pero alentadores. No es seguro,

Figura 9.3 Las fluctuaciones de la radiación cósmica de fondo. Esta es la imagen del objeto más antiguo del universo de que disponemos. Estas fluctuaciones se produjeron hace catorce mil millones de años. Esperemos que la estadística de estas fluctuaciones confirmen las previsiones de la gravedad cuántica.

pero con más cálculos y con medidas más precisas deberíamos poder confirmar la teoría definitivamente.

En 2013, Abhay Ashtekar, Ivan Agullo y William Nelson publicaron un artículo en el que calculaban que, según ciertas hipótesis, la distribución estadística de las fluctuaciones de este fondo de radiaciones cósmicas debería reflejar el rebote inicial del universo: las fluctuaciones de ángulo grande deberían ser mayores que las previstas por la teoría, que no tiene en cuenta los cuantos. La figura 9.4 ilustra el estado actual de la medición: la línea negra representa la previsión de Ashtekar, Agullo y Nelson y los puntos grises representan los datos experimentales. Como se ve, estos datos no bastan de momento para probar si la curva ascendente de la línea negra, prevista por los tres autores, es o no verdadera. Las mediciones apuntan a la posibilidad de confirmar la teoría, pero aún no la confirman. Y tampoco estamos seguros de que las hipótesis particulares del cálculo de estos tres autores sean correctas. Por tanto, la situación aún es incierta. Pero quien, como yo, se ha pasado la vida tratando de penetrar los secretos

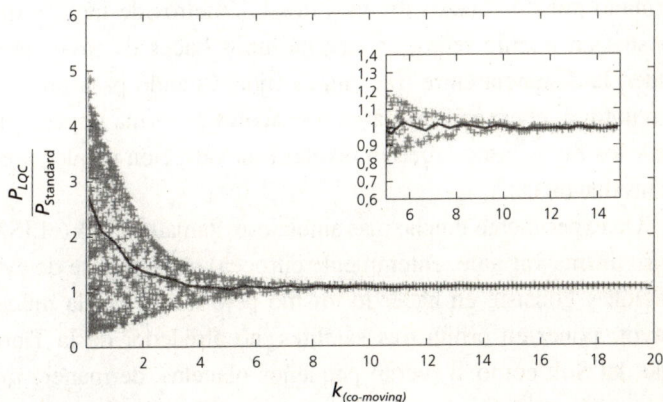

Figura 9.4 Posible previsión del espectro de la radiación de fondo según la teoría de la gravedad cuántica de lazos (línea continua), comparada con el error experimental actual (puntos). Gentileza de A. Ashtekar, I. Agullo y W. Nelson.

197

del espacio cuántico, sigue con atención, inquietud y esperanza el afinarse constante de nuestras capacidades de observación, medición y cálculo, y espera el momento en que la naturaleza nos dirá si tenemos o no razón.

También en el campo gravitatorio deben de quedar huellas del gran calor inicial. También el campo gravitatorio, es decir, el espacio mismo, debe de temblar como la superficie del mar. O sea, debe de existir también una radiación de fondo *gravitatoria*, más antigua que la electromagnética, porque las ondas gravitatorias se ven menos perturbadas por la materia que las electromagnéticas y, por tanto, también han podido viajar sin que nada las alterara incluso cuando el universo era muy denso y no dejaba pasar las ondas electromagnéticas.

Aún no hemos observado directamente las ondas gravitatorias, pero las ecuaciones de Einstein predicen su existencia; vemos claramente sus efectos en los sistemas de estrellas y estamos convencidos de que existen. En el mundo hay varios instrumentos que están afinándose para poder observarlas. Uno de los más grandes se halla en Italia, cerca de Pisa, y se llama VIRGO. Está formado por dos brazos de unos dos kilómetros de largo y dispuestos en ángulo recto, en los que unos haces de rayos láser miden la distancia entre tres puntos fijos. Cuando pasa un onda gravitatoria, el espacio se alarga o se acorta de forma imperceptible y los rayos láser deberían revelar esta variación pequeñísima de las distancias.[1]

Un experimento mucho más ambicioso, llamado LISA (eLISA, en su última variante, enteramente europea), está en fase de evaluación y consiste en hacer lo mismo pero a una escala mucho mayor: poner en órbita tres satélites, no alrededor de la Tierra sino del Sol, como si fueran pequeños planetas, de manera que sigan a cierta distancia a la Tierra en su misma órbita. Los tres satélites están unidos por tres rayos láser que miden la distancia de uno a otro, o, mejor dicho, las variaciones de las distancias cuando pasa una onda gravitatoria. Si se lanzara eLISA, debería ver las ondas gravitatorias con razonable certeza y quizá abrir el camino que nos llevaría a observar el fondo de estas ondas, generado en un tiempo muy próximo al *big bang*.

En los sutiles encrespamientos del espacio en torno a la Tierra deberíamos poder hallar huellas de fenómenos ocurridos hace catorce mil millones de años, en el origen de nuestro universo, y ver así confirmadas nuestras deducciones sobre la naturaleza del espacio y del tiempo.

10
El calor de los agujeros negros

Los agujeros negros son objetos que pueblan en gran número nuestro universo. Son regiones donde el espacio está tan fuertemente curvado que se hunde sobre sí mismo y donde el tiempo se detiene. Se forman, por ejemplo, cuando una estrella ha quemado todo el hidrógeno que contiene y se derrumba bajo su propio peso.

Muchas de las estrellas que se hunden formaban pareja con otra cercana, de manera que el agujero negro y la compañera superviviente giran uno alrededor de la otra y el primero absorbe constantemente energía de la segunda (como en la figura 10.1).

Los astrónomos han encontrado muchos agujeros negros de tamaño (masa) parecido al de estrellas como nuestro Sol, pero también agujeros negros inmensos. En el centro de casi todas las galaxias, incluida la nuestra, hay uno de estos agujeros negros inmensos.

El de nuestra galaxia estamos estudiándolo detalladamente. Tiene una masa un millón de veces mayor que la de nuestro Sol y una serie de estrellas que orbitan a su alrededor como los planetas orbitan en torno al Sol. De vez en cuando una estrella se acerca demasiado a este monstruoso gigante, la fuerza gravitatoria del ciclópeo agujero negro empieza a disgregarla y acaba engulléndola como un tiburón se traga a un pececillo. Imaginemos a un monstruo del tamaño de un millón de soles tragándose en un instante nuestro Sol con todos sus planetas...

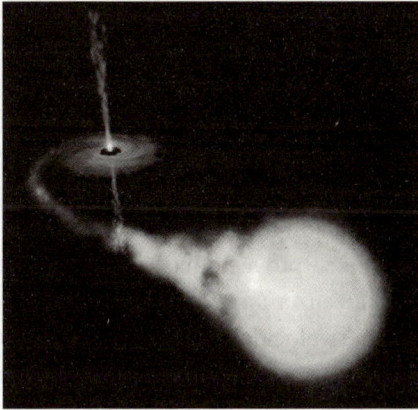

Figura 10.1 Representación de una pareja estrella-agujero negro. La estrella pierde materia que el agujero negro absorbe en parte y en parte proyecta en la dirección de sus polos en forma de chorro.

Un interesantísimo proyecto que está poniéndose en práctica y se espera que dé resultados en pocos años es la construcción de una red de antenas de radio repartidas de un Polo al otro por toda la superficie de la Tierra, con la que los astrónomos creen que podrán cubrir ángulos pequeñísimos y «ver» literalmente el agujero negro de nuestra galaxia. Lo que debería verse es un disco negro rodeado de la luz que despide la radiación de la materia que se precipita en el interior del terrible agujero.

Lo que entra en el agujero negro no vuelve a salir. Ni siquiera la luz. La superficie del agujero negro es como un presente que se haya encerrado en una esfera: lo que hay más allá de la esfera es un futuro y del futuro no se regresa.

No es difícil entender lo que es un agujero negro. Basta con recordar que hay una velocidad máxima, la velocidad de la luz, que ningún objeto puede superar. Imaginemos que lanzamos una pelota hacia arriba. La pelota volverá a caer. Pero si la lanzamos lo bastante fuerte como para que se hurte a la atracción de la Tierra, se escapará. La velocidad mínima requerida para que un objeto se escape se llama «velocidad de fuga». La velocidad de fuga de la Tierra es de unos once kilómetros por segundo. Grande, pero mucho menor que la de la luz. Cuanto más masivo es y más comprimido está un planeta, mayor es su velocidad de fuga. Una estrella puede ser tan masiva y estar tan comprimida, que su velocidad de fuga sea mayor que la velocidad de la luz. Ni siquiera la luz va a tanta velocidad que escape de la atracción gravitatoria. Un rayo de luz que se proyecte hacia arriba acaba por caer de nuevo después de alcanzar una altura máxima. Y como la velocidad de la luz es una velocidad máxima y nada puede superarla, cualquier objeto vuelve a caer y nada puede escapar: de esa altura máxima nada puede salir. Esto es un agujero negro: visto por fuera, es como una esfera en la que sólo se puede entrar, pero de la que no se puede salir.

Un cohete podría mantenerse a una breve distancia fija de esta esfera máxima, llamada *horizonte* del agujero negro. Pero para ello tendría que tener los motores a tope, de manera que resistiera la fuerza de atracción gravitatoria del agujero. La fuerte gravedad a que se vería sometido haría que para los que fueran dentro el tiempo se ralentizase muchísimo. Tras una hora en esa situación, el cohete podría alejarse y los de dentro descubrirían que, fuera, habrían pasado siglos. Cuanto más cerca esté el cohete del horizonte, más despacio pasa el tiempo para él, y más rápido pasa el tiempo externo. (Viajar al pasado es difícil, pero viajar al futuro, en principio, es fácil: basta con acercarse en una nave espacial a un agujero negro, quedarse un rato en sus inmediaciones, y luego alejarse otra vez. Fuera pueden haber pasado milenios.) En el horizonte mismo el tiempo se detiene: si nos acercamos a él y al cabo de unos pocos minutos (nuestros) nos alejamos, en el resto del universo pueden haber transcurrido millones de años.

Lo más sorprendente es que las propiedades de estos extraños objetos que hoy observamos comúnmente las *previó* la teoría de

Einstein antes de que las observáramos efectivamente. Hoy los astrónomos estudian estos objetos en el cielo, pero hasta hace pocos años los agujeros negros no eran sino una extraña consecuencia de la teoría en la que no muchos creían. Recuerdo a un profesor mío de la universidad, que los introdujo como soluciones de las ecuaciones de Einstein pero a las que, según él, era improbable que pudieran corresponder objetos reales. Por el contrario, la pasmosa capacidad de la física teórica de descubrir cosas antes de verlas se confirma una vez más cuando la realidad de estos objetos en el cielo se vuelve más y más evidente.

Las ecuaciones de Einstein describen bien los agujeros negros que observamos y, en general, no necesitamos la mecánica cuántica para entenderlos. Pero hay dos aspectos misteriosos de sus propiedades que sí requieren tener en cuenta la mecánica cuántica y para ambos tiene solución la teoría de lazos.

Una vez que se hunde bajo su propio peso, una estrella desaparece a los ojos externos, porque se halla en el interior de su agujero negro. Pero ¿qué sucede dentro de un agujero negro? ¿Qué veríamos si nos dejáramos caer en uno? Al principio, nada de particular: atravesaríamos la superficie sin mayores percances, sobre todo si el agujero negro es grande, pero luego nos precipitaríamos hacia el centro a una velocidad cada vez mayor. ¿Y entonces? La relatividad general prevé que todo se comprime en el centro hasta reducirse a un punto infinitamente pequeño, alcanzando, como en el *big bang*, una concentración infinita. O, al menos, es así si prescindimos de la gravedad cuántica.

Pero si tenemos en cuenta la gravedad cuántica, esta previsión deja de ser correcta, porque prescinde de la fuerza repelente que hace que el universo rebote en el *big bang*. Lo que debería ocurrir es que, conforme nos acercamos al centro, esta fuerza ralentice la materia, que llegará a adquirir una densidad alta, pero no infinita. Se concentrará, pero no hasta condensarse en un punto infinitamente pequeño, porque la pequeñez tiene un límite.

Ésta es la primera aplicación de los lazos a la física de los agujeros negros (figura 10.2).

La segunda aplicación tiene que ver con un hecho curioso
que se da en los agujeros negros. Lo descubrió Stephen Hawking, el físico inglés que se hizo famoso porque pudo seguir su
labor aun estando paralizado en una silla de ruedas a consecuencia de una grave enfermedad y obligado a comunicarse por medio de un ordenador. A principios de la década de los setenta,
Hawking descubrió (teóricamente) que los agujeros negros están «calientes», es decir, que se comportan como los cuerpos
calientes: a cierta temperatura, despiden calor. Y a medida que
despiden calor pierden energía y, por tanto, también masa (energía y masa son una y la misma cosa), y se vuelven más y más
pequeños. Se dice que los agujeros negros «se evaporan». Esta
«evaporación» de los agujeros negros es el descubrimiento más
importante de Hawking. Esto nos permite contestar a la pre-

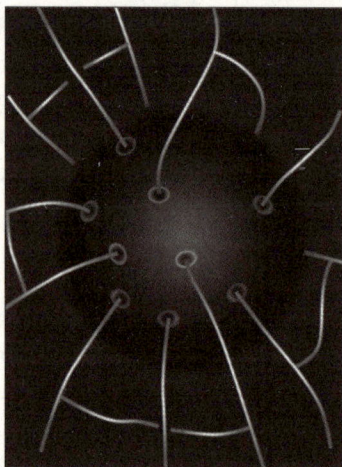

Figura 10.2 Los lazos, es decir, los enlaces de la red de espín que determina el
estado del campo gravitatorio, atraviesan la superficie de los agujeros negros.
Cada lazo que entra determina la existencia de un cuanto de área individual en la
superficie de los agujeros negros. © John Baez.

gunta de qué le ocurre al final a la materia que cae dentro del agujero y queda atrapada en él: como los agujeros negros se evaporan y empequeñecen, al final dejan salir todo lo que había entrado. (Este es el escenario que me parece más plausible, aunque el debate sigue siendo muy animado en la comunidad científica.)

¿Cuánto tiempo permanece atrapada la materia en un agujero negro? La pregunta es engañosa, ya que el tiempo que pasa para personas distintas puede muy bien ser distinto. Para un observador externo, un trozo de materia que haya caído en un agujero negro permanecerá en él muchísimo tiempo. No quedará libre hasta que el agujero se evapore y ese es un proceso lentísimo. Un agujero negro del tamaño de una estrella, como hay muchos en nuestra galaxia, tarda eones en evaporarse completamente, tiempo en que todas las estrellas del cielo se habrán apagado.

Ahora bien —¿lo recuerda el lector?—, cuanto más se acerca a una masa, más lento pasa el tiempo. Para la materia que cae en el agujero, este tiempo es extremadamente lento. Si arrojamos un reloj (¡muy resistente!) a un agujero negro, saldrá pasado muchísimo tiempo, pero habrá medido un lapso de tiempo muy breve. Si entramos en un agujero negro, enseguida saldremos a un futuro lejano. En el fondo, un agujero negro es eso: un atajo que nos lleva al futuro lejano.

En general, los objetos se calientan porque sus componentes microscópicos se mueven. Un trozo de hierro caliente, por ejemplo, es un trozo de hierro cuyos átomos vibran muy velozmente en torno a sus posiciones de equilibrio. El aire caliente es aire en el que las moléculas se agitan mucho más rápido que las moléculas del aire frío.

Si un agujero negro está caliente, ¿cuáles son sus «átomos» elementales que vibran? Esta es la cuestión que Stephen Hawking dejó abierta. La teoría de lazos nos proporciona una respuesta a esta pregunta. Los «átomos» elementales del agujero negro que vibran y lo calientan son los cuantos de espacio que hay en su superficie.

Con la teoría de lazos es posible entender el origen del extraño calor de los agujeros negros previsto por Hawking: ese calor es producido por las «vibraciones» microscópicas de los lazos, de los átomos de espacio, que vibran porque en el mundo de la mecánica cuántica todo vibra, nada está nunca quieto. La imposibilidad de que algo permanezca fijo en un lugar preciso es una de las características fundamentales de la mecánica cuántica. El calor de los agujeros negros puede relacionarse directamente con las fluctuaciones de los átomos de espacio de la gravedad cuántica de lazos.

La posición exacta del horizonte del agujero negro sólo puede determinarse si no se producen estas fluctuaciones microscópicas del campo gravitatorio. Por tanto, puede decirse que el horizonte fluctúa como un cuerpo caliente.

Hay un modo más sutil de entender el origen del calor de los agujeros negros. Las fluctuaciones cuánticas suponen una correlación entre el interior y el exterior del agujero negro. (Hablaré más extensamente de correlaciones y temperaturas en el capítulo 12.) La incertidumbre que caracteriza la mecánica cuántica existe también «a caballo» del horizonte del agujero negro. Como lo que hay más allá de él desaparece de nuestra vista, esta incertidumbre constituye una razón más de fluctuación de cualquier cosa que se acerque a la superficie del agujero negro. Pero decir fluctuación quiere decir probabilidad, y por tanto estadística, y por tanto termodinámica, y por tanto temperatura. Los agujeros negros, que nos esconden una parte del universo, hacen aparecer las fluctuaciones cuánticas como calor.

Fue un joven científico italiano de Faicchio, provincia de Benevento, quien completó un elegantísimo cálculo que muestra que, partiendo de estas ideas y de las ecuaciones de la gravedad cuántica de lazos, se puede obtener la fórmula para el calor de los agujeros negros previsto por Hawking. Este joven científico italiano se llama Eugenio Bianchi y hoy es profesor de física en Estados Unidos (figura 10.3).

Figura 10.3 Stephen Hawking y Eugenio Bianchi. En la pizarra se ven las principales ecuaciones de la gravedad cuántica de lazos que describen los agujeros negros. Gentileza de Eugenio Bianchi.

11
El fin del infinito

La infinita compresión del universo en un punto infinitamente pequeño que, según la relatividad general, se daría en el *big bang* desaparece cuando se tiene en cuenta la gravedad cuántica. En realidad, el motivo es fácil de entender: la gravedad cuántica consiste justo en el descubrimiento de que no existen puntos infinitamente pequeños. La divisibilidad del espacio posee un límite inferior. El universo no puede ser más pequeño que la escala de Planck, porque no existe nada más pequeño que la escala de Planck.

Si pasamos por alto la mecánica cuántica, pasamos por alto la existencia de este límite inferior. Las situaciones patológicas de la teoría de la relatividad, que prevé cantidades infinitas, se llaman «singularidades». La gravedad cuántica pone un límite al infinito y «cura» las singularidades de la relatividad general.

Lo mismo ocurre en el centro de un agujero negro, como hemos visto en el capítulo anterior: la «singularidad» prevista por la relatividad general clásica desaparece cuando tenemos en cuenta la gravedad cuántica.

Hay otro caso en que la gravedad cuántica pone un límite al infinito: el de fuerzas como la electromagnética. La teoría cuántica de campos, que empezó a formular Dirac y completaron Feynman y compañía en la década de los años cincuenta, describe bien estas fuerzas, pero es una teoría llena de sinsentidos matemáticos. Cuando se la emplea para calcular procesos físicos, casi siempre se obtienen resultados infinitos, que no significan nada. Estos resultados infinitos se llaman «divergencias» y se eliminan luego con un procedimiento técnico que arroja resultados finales finitos. En concreto, la teoría funciona y los números, al final, cuadran, es decir, se corresponden con las mediciones experimentales. Pero ¿por qué debe la teoría pasar, absurdamente, por el infinito para producir números razonables?

En los últimos años de su vida, Dirac se sentía insatisfecho por estos factores infinitos de la teoría y tenía la sensación de que, después de todo, había fracasado en su empeño de entender cómo funciona realmente la realidad. Dirac amaba la claridad conceptual, aunque muchas veces lo que para él estaba claro no lo estaba para los demás. Y elementos infinitos no aportan claridad.

Sin embargo, los elementos infinitos de la teoría cuántica derivan de un supuesto fundamental de dicha teoría: la infinita divisibilidad del espacio. Por ejemplo, para calcular las probabilidades de un proceso se pueden sumar —como nos ha enseñado Feynman— todos los modos como ese proceso puede producirse, pero esos modos son infinitos, porque pueden ocurrir en uno cualquiera de los infinitos puntos de un espacio continuo. De ahí que muchas veces el resultado del cálculo sea infinito.

Cuando se tiene en cuenta la gravedad cuántica, también estos cálculos infinitos desaparecen. La razón está clara: el espacio no es infinitamente divisible, no hay puntos infinitos, no hay infinitas cosas que sumar. La estructura granular y discreta del espacio resuelve las dificultades de la teoría cuántica de campos eliminando los elementos infinitos de los que adolece. Todo esto es estupendo: por un lado, la mecánica cuántica resuelve los problemas que plantean los elementos infinitos de la teoría de la gravedad de Einstein, las singularidades. Por el otro, la gravedad resuelve los problemas que plantea la teoría cuántica de campos, las divergencias. Lejos de ser contradictorias como parecían a primera vista, ¡una teoría es la solución a los problemas de la otra! Esto refuerza mucho la credibilidad de la teoría.

Poner un límite al infinito es un tema recurrente en la física moderna. La suma y compendio de la relatividad especial es el descubrimiento de que existe una velocidad máxima en todos los sistemas físicos. La suma y compendio de la mecánica cuántica es el descubrimiento de que existe una información máxima en todos los sistemas físicos. La longitud mínima es la longitud de Planck, L_p; la velocidad máxima es la velocidad de la luz, c, y la información unitaria viene determinada por la constante de Planck, $\hbar$. La tabla 11.1 así lo muestra.

Cantidad física	Constante fundamental	Teoría	Descubrimiento
Velocidad	c	Relatividad restringida	Existe una velocidad máxima
Información (acción)	$\hbar$	Mecánica cuántica	Existe una información mínima
Longitud	L_p	Gravedad cuántica	Existe una longitud mínima

Tabla 11.1 Limitaciones fundamentales descubiertas por teorías físicas básicas.

La existencia de estos valores de longitud, velocidad y acción mínimos y máximos permite establecer un sistema de unidades de medida naturales. En lugar de medir la velocidad en kilómetros por hora, o en metros por segundo, podemos medirla en fracciones de la velocidad de la luz. Así, podemos fijar por definición el valor 1 para la velocidad c y afirmar, por ejemplo, que $v = \frac{1}{2}$ en el caso de un cuerpo que se mueve a una velocidad que es la mitad de la velocidad de luz. De igual modo, podemos establecer por definición que $L_p = 1$ y medir longitudes en múltiplos de la longitud de Planck. Por último, podemos establecer $\hbar = 1$ y medir las acciones en múltiplos de la constante de Planck. Si hacemos esto, tendremos un sistema natural de unidades fundamentales del que derivarán las demás. Por ejemplo, la unidad de tiempo será el tiempo que tarda la luz en recorrer una longitud de Planck, etcétera. La investigación en materia de gravedad cuántica usa estas «unidades naturales» habitualmente.

Pero hay una consecuencia mucho más profunda que se sigue de estos descubrimientos. El descubrimiento de estas tres constantes fundamentales pone un límite a lo que parecían posibles elementos infinitos de la naturaleza. Nos muestra que, muchas veces, lo que parece infinito no es sino algo que aún no hemos entendido o contado. Creo que esto es un principio general. «Infinito», en realidad, es sólo el nombre que damos a lo que aún no conocemos. Cuando la estudiamos, la naturaleza parece decirnos que, al final, no hay nada infinito.

Hay otro infinito que desde siempre nos ha dado mucho que pensar: la infinita extensión espacial del cosmos. Pero Einstein halló la manera de pensar un cosmos sin bordes, aunque finito, como vimos en el capítulo 3. Las medidas actuales dan una escala de las dimensiones del cosmos visible que es de unos catorce mil millones de años luz. Esta longitud es la longitud máxima del universo al que accedemos. Es 10^{120} veces más grande que la longitud de Planck, o sea, un 1 seguido de ciento veinte ceros. Entre la escala de Planck y la escala cosmológica hay, pues, la inmensa distancia de 120 órdenes de tamaño. Muchísimo. Pero finito.

En este espacio que, pasando por los quarks, los protones, los átomos, los compuestos químicos, las montañas, las estrellas, las galaxias, formadas cada una por cien mil millones de estrellas como el Sol, los cúmulos de galaxias, etcétera, va de los diminutos cuantos de espacio hasta el interminable universo visible de cien mil millones de galaxias, en este espacio se extiende la radiante complejidad de nuestro universo, del que no conocemos más que algunos aspectos. Inmenso. Pero finito.

La escala cosmológica se refleja en el valor de la constante cosmológica Λ, que entra en las ecuaciones de la teoría. Por tanto, la teoría básica contiene un número grande: la relación entre la escala cosmológica y la escala de Planck. En este número cabe, digamos, toda la complejidad del mundo. Pero lo que vemos y, por ahora, entendemos del universo no es un infinito donde nos hundimos; es un mar inmenso, sí, pero finito.

Uno de los libros tardíos de la Biblia, el Libro del Eclesiástico, empieza con palabras poderosas (aquí, en la traducción interconfesional de la Alianza Bíblica Universal):

¿Quién podrá contar la arena de las playas, las gotas de la lluvia, los días de la historia? ¿Quién podrá medir la altura del cielo, la extensión de la Tierra, la profundidad de los abismos? [...] Uno solo posee la sabiduría: el Señor.

... Nadie puede contar los granos de arena de las playas.

Pero, no mucho tiempo después de que se redactara este texto, se escribía otro gran texto, con un íncipit que aún resuena:

Algunos piensan, ¡oh, rey Gelón!, que no pueden contarse los granos de arena.

Así empieza el *Arenario* de Arquímedes, donde el científico más grande de la Antigüedad... cuenta granos de arena.

Lo hace para demostrar que su número es finito y puede calcularse. El sistema de numeración antiguo no permitía tratar números grandes. En el *Arenario*, Arquímedes desarrolla un nuevo sistema de numeración, parecido a nuestro sistema de exponentes, que permite tratar números muy grandes y muestra su validez contando, sonriente, los granos de arena no sólo de las playas del planeta, sino de todo el universo.

Creo que el juego del *Arenario* es ligero, pero profundo. Con una visión ilustrada *(ante litteram)*, Arquímedes se rebela contra una forma de saber que quiere que existan misterios intrínsecamente inaccesibles al pensamiento humano. Arquímedes no afirma que conoce con exactitud las dimensiones del universo o el número exacto de granos de arena. No defiende lo completo de su saber. Al contrario, reconoce de manera abierta el carácter aproximado y provisional de los cálculos que hace. Habla, por ejemplo, de varias alternativas en lo que respecta a las dimensiones del universo, sobre las que no tiene opinión definida. Lo bueno no es que considere su conocimiento completo, sino lo contrario: es saber que la ignorancia de ayer puede ser iluminada hoy y la de hoy podría serlo mañana.

Lo esencial es la rebelión contra el no querer saber. Una declaración de fe en el carácter cognoscible del mundo y una réplica orgullosa a quien se contenta con su ignorancia, llama infinito a lo que no entendemos y pone la sabiduría en otras cosas.

Han pasado siglos y el texto del Eclesiástico está hoy, junto con el resto de la Biblia, en innumerables casas del planeta, mientras que el texto de Arquímedes no lo leen más que unos pocos. Arquímedes fue asesinado en circunstancias nunca aclaradas por los romanos durante el sitio de Siracusa, último y orgulloso bastión de la Magna Grecia que cayó bajo el yugo romano, en plena expansión de aquel futuro imperio que pronto adoptaría el Eclesiástico como uno de los textos fundadores de su religión de Estado, posición que mantendría más de un milenio. Durante ese milenio, los cálculos de Arquímedes fueron ininteligibles para todo el mundo.

Cerca de Siracusa se halla uno de los lugares más bellos de Italia, el teatro de Taormina, que se asoma al Mediterráneo y al

Etna. En la época de Arquímedes, en ese teatro representaban a Sófocles y Eurípides. Los romanos lo adaptaron para organizar combates de gladiadores y divertirse viendo morir a los luchadores.

El refinado juego del *Arenario* no es sólo la divulgación de una audaz construcción matemática ni un ejercicio de virtuosismo de una de las mentes más extraordinarias de la Antigüedad, sino también un grito de orgullo de la razón, que conoce su ignorancia pero no por ello está dispuesta a ceder a otros la fuente del saber. Es un pequeño, reservado e inteligentísimo manifiesto contra el infinito y contra el oscurantismo.

La gravedad cuántica es una de las muchas continuaciones del *Arenario*. Estamos contando los granos de espacio que forman el cosmos. Un cosmos inmenso, pero finito.

Lo único realmente infinito es nuestra ignorancia.

Nos acercamos al término del viaje. En los últimos capítulos he hablado de algunas aplicaciones concretas de la gravedad cuántica: la descripción de lo que ocurrió en el universo en el momento del *big bang,* la descripción de las propiedades térmicas de los agujeros negros y la supresión de los elementos infinitos.

Antes de terminar, quisiera volver a la teoría, aunque esta vez mirando al futuro, y hablar de una palabra, «información»: un espectro que se pasea por la física teórica suscitando entusiasmo y confusión.

Este capítulo es distinto de los anteriores, porque si en ellos hablaba de ideas y teorías que, aunque aún no demostradas, están bien definidas, aquí hablo de ideas que aún son muy confusas y están por organizar. Así que, querido lector, si el viaje hasta aquí te ha parecido un tanto accidentado, agárrate fuerte porque vamos a volar entre grandes vacíos de aire. Si este capítulo te resulta particularmente oscuro, no es porque tú tengas las ideas confusas, es porque las tengo yo.

Son muchos los científicos que creen que el concepto de «información» puede ser fundamental para seguir avanzando en física. Se habla de «información» cuando se habla de los fundamentos de la termodinámica, que es la ciencia del calor, de los fundamentos de la mecánica cuántica y, en otros ámbitos, a veces de manera muy imprecisa. Creo que hay algo importante en estas ideas y aquí trato de explicar por qué y qué tiene que ver la información con la gravedad cuántica.

Para empezar, ¿qué es la información? La palabra «información» se usa en el lenguaje corriente con varios significados, lo que también induce a confusión en el ámbito científico. La noción científica de información la estableció Claude Shannon, matemático e ingeniero estadounidense, en 1948, y es muy simple: la información mide el número de alternativas posibles de algo. Por ejemplo, si lanzo un dado, este puede caer sobre 6 caras. Si veo que ha caído sobre una en concreto, tengo una cantidad de información $N = 6$, porque las posibles alternativas eran seis. Si no sé qué día es tu cumpleaños, hay 365 posibilidades. Si me dices qué día es tu cumpleaños, tengo una información $N = 365$. Y así en todos los casos.

Para indicar la información, en lugar del número de alternativas N, conviene usar el logaritmo en base 2 de N, llamado S. La información de Shannon, pues, es $S = \log_2 N$, siendo N el número de alternativas. De este modo, la unidad de medida, $S = 1$, corresponde a $N = 2$ (porque $1 = \log_2 2$), o sea, a la alternativa mínima, que comprende sólo dos posibilidades. Esta unidad de medida representa la información de dos únicas alternativas y se llama «bit». Cuando sé que en el juego de la ruleta sale un número rojo en lugar de negro, tengo un bit de información; si sé que sale un número rojo y par, tengo dos bits de información; si sé que sale un número rojo, par y falta, tengo tres bits de información. Dos bits de información equivalen a cuatro alternativas (rojo y par, rojo e impar, negro y par, negro e impar). Tres bits de información corresponden a ocho alternativas, etcétera.[1]

Un punto clave es que la información puede estar en cualquier parte. Imagínate, lector, que tienes una canica que puede ser blanca o negra, y que yo tengo otra que puede ser también blanca o negra. Hay dos posibilidades por mi parte y dos por la tuya. El número total de posibilidades es 4 (2 × 2): blanca y blanca, blanca y negra, negra y blanca y negra y negra. Si los colores de las dos canicas son independientes, todas estas posibilidades pueden realizarse. Pero ahora supongamos que, por alguna razón física, estamos seguros de que las dos canicas son del mismo color (por ejemplo, porque nos las ha regalado la misma persona, que *siempre* regala canicas del mismo color, o porque las hemos extraído de un paquete de canicas de idéntico color todas). El número total de alternativas es, pues, *sólo* 2 (blanca y blanca y negra y negra), aunque las alternativas siguen siendo 2 por tu parte y otras 2 por la mía. En este caso, el número total de alternativas (2) es menor que el producto (4) del número de alternativas por tu parte (2) por el número de alternativas por mi parte (2). Observa que, en esta situación, se da una circunstancia particular: si miras tu canica, *sabes de qué color es la mía*. En este caso decimos que los colores de las dos canicas son «correlativos», esto es, están ligados. Y que la información sobre el color de *mi* canica está también en la *tuya*. Mi canica «tiene información» sobre la tuya.

Bien pensado, es lo que sucede siempre en la vida cuando nos comunicamos: por ejemplo, si yo te llamo por teléfono, lector, sé que el aparato está hecho de manera que los tonos que yo oigo no sean independientes de los que tú oyes. Los tonos de ambas partes están relacionados, como los colores de las canicas. No he puesto este ejemplo por casualidad: Shannon, que inventó la teoría de la información, trabajaba en una compañía telefónica y estaba buscando el modo de medir con precisión lo que podía «transportar» una línea telefónica. Pero ¿qué transporta una línea telefónica? Transporta información. Transporta capacidad de distinguir entre alternativas. Por esto Shannon ha definido la información.

¿Por qué la noción de información es útil, diré más, fundamental para entender el mundo? Por un motivo sutil. Porque mide la posibilidad de los sistemas físicos de comunicarse entre sí.

Volvamos una última vez a los átomos de Demócrito. Imaginemos un mundo formado por un inmenso mar de átomos que van y vienen, se atraen, se juntan, y por nada más. ¿No falta algo?

Platón y Aristóteles insistieron en el hecho de que faltaba algo y pensaron que ese algo era la *forma* de las cosas, que se sumaba a la *sustancia* de que están hechas. Para Platón, estas formas existen en sí mismas, en un mundo absoluto, el mundo de las ideas. La idea del caballo existía antes e independientemente de cualquier caballo real. Es más, según Platón, un caballo real no es más que un pálido reflejo de un caballo ideal. Los átomos de los que pueda estar hecho el caballo importan poco o nada: lo que importa es la «caballidad», la forma abstracta. Aristóteles es un poco más realista, pero tampoco para él la forma se reduce a la sustancia. En una estatua hay algo más que la piedra de que está hecha. Este algo *más*, para Aristóteles, es la forma. Esta ha sido la crítica antigua al poderoso materialismo democríteo y sigue siendo la crítica principal al materialismo.

Pero el postulado de Demócrito, ¿era realmente que todo se reducía a átomos? Veámoslo de manera más detenida a la luz del conocimiento moderno. Demócrito dice que, cuando los átomos se combinan, lo que importa es la forma que adoptan, la disposición que toman en la estructura y el modo como se combinan. Y pone el ejemplo de las letras del alfabeto, que sólo son unas veinte, pero que, como dice, «pueden combinarse de variadas formas y dar origen a comedias y tragedias, a historias ridículas y poemas épicos».

En esta idea hay mucho más que simples átomos: hay algo que depende del *modo* como unos se disponen con respecto a otros. Pero ¿qué relevancia puede tener el modo como se disponen los átomos, en un mundo donde no hay más que átomos?

Si los átomos son también un alfabeto, ¿quién puede leer las frases escritas en este alfabeto?

La respuesta es sutil: el modo como los átomos se disponen

puede correlacionarse con el modo como *otros* átomos se disponen. Por tanto, un conjunto de átomos puede tener *información*, en el sentido técnico y preciso referido antes, sobre otro conjunto.

Esto, en el mundo físico, ocurre constantemente en todo tiempo y lugar: la luz que hiere nuestros ojos lleva información sobre los objetos de los que proviene, el color del mar tiene información sobre el color del cielo que hay sobre él, una célula posee información sobre el virus que la ha atacado, un nuevo ser vivo tiene información porque se correlaciona con sus progenitores y con su especie, y tú, querido lector, que lees estas líneas, recibes información sobre lo que yo estoy pensando mientras escribo, es decir, sobre lo que ocurre en mi cerebro en el momento en que redacto estas líneas. Lo que ocurre en los átomos de tu cerebro ya no es completamente independiente de lo que ocurre en los del mío.

El mundo no es, pues, sólo una red de átomos que chocan: también es una red de correlaciones entre sistemas de átomos, una red de información recíproca entre sistemas físicos.

En todo esto no hay nada ideal ni espiritual; no es sino una aplicación de la idea de Shannon según la cual las alternativas pueden contarse. Pero todo es parte del mundo, como las rocas de las Dolomitas, el zumbido de las abejas y las olas del mar.

Cuando comprendemos que existe una red de información recíproca en el universo, es natural que queramos usarla para describir el mundo. Empecemos por un aspecto de él bien comprendido desde finales del siglo XIX: el calor. ¿Qué es el calor? ¿Qué significa que una cosa está caliente? ¿Por qué una taza de té hirviendo se enfría y no se calienta?

El primero que lo entendió fue Ludwig Boltzmann, el científico austriaco que fundó la mecánica estadística.[2] El calor es el movimiento microscópico casual de las moléculas: cuanto más caliente esté el té, más rápido se moverán las moléculas. Pero ¿por qué se enfría? Boltzmann formuló una hipótesis magnífica:

porque el número de posibles estados de las moléculas que corresponden al té caliente y al aire frío es mayor que el número de los que corresponden al té frío y al aire un poco caliente. Según la noción de información de Shannon, esta idea se traduce de inmediato en esta respuesta: porque la información contenida en el té frío y en el aire más caliente es menor que la contenida en el té caliente y en el aire más frío. Y el té no puede calentarse porque la información nunca aumenta por sí sola.

Me explico. Como las moléculas del té son muchísimas y pequeñas, no conocemos su movimiento exacto. Por tanto, nos falta información. Esta información puede calcularse (Boltzmann lo hizo: calculó en cuántos estados distintos pueden estar las moléculas del té caliente). Si el té se enfría, parte de su energía pasa al aire; o sea, las moléculas del té se mueven más despacio, pero las del aire más rápido. Si calculo la información que falta, al final descubriré que ha aumentado. Si hubiera ocurrido lo contrario, es decir, que el té se hubiera calentado absorbiendo calor del aire más frío, la información (recordemos: la información es sólo el número de alternativas posibles, en este caso, el número de modos como se mueven las moléculas de té y de aire a determinadas temperaturas) habría aumentado. Pero la información no cae del cielo. No puede aumentar por sí sola, porque lo que no sabemos no lo sabemos y, por tanto, el té no puede calentarse por sí solo estando en contacto con el aire frío.

Boltzmann no fue tomado muy en serio. Se suicidó a los cincuenta y seis años en Duino, provincia de Trieste. Hoy está considerado uno de los genios de la física. En su tumba se inscribió su fórmula:

$$S = k\log W$$

que expresa la información (que falta) como el logaritmo del número de alternativas, la idea clave de Shannon. Boltzmann se dio cuenta de que esa cantidad coincidía exactamente con la entropía usada en termodinámica. La entropía es «información que falta», información con el signo negativo. La entropía total sólo puede crecer, por el hecho de que la información sólo puede disminuir.[3]

Que la información puede usarse como instrumento conceptual para estudiar el calor es hoy cosa aceptada por los físicos. Más audaz, aunque hoy defendida por un número creciente de teóricos, es la idea de que el concepto de información contribuya a comprender los aspectos aún misteriosos de la mecánica cuántica, de los que he hablado en el capítulo 5.

No olvidemos que una de las ideas clave de la mecánica cuántica es precisamente que la información es finita. El número de resultados alternativos que podemos obtener midiendo un sistema físico[4] es infinito, según la mecánica clásica, pero en realidad es finito, como hemos visto al aplicar la mecánica cuántica. Por tanto, la mecánica cuántica puede entenderse en primer lugar como el descubrimiento de que la información, en la naturaleza, es *finita*.

Toda la estructura de la mecánica cuántica puede interpretarse y entenderse en términos de información de la siguiente manera: un sistema físico sólo se manifiesta cuando interactúa con otro. Por tanto, la descripción de un sistema físico depende del sistema físico con que interactúa. Cualquier descripción del estado de un sistema físico siempre es, pues, una descripción de la *información* que un sistema físico tiene de otro sistema físico, esto es, de la *correlación* entre sistemas. Los misterios de la mecánica cuántica resultan menos oscuros si la interpretamos de este modo: como la descripción de la información que unos sistemas físicos tienen de otros.

La descripción de un sistema no consiste, a fin de cuentas, sino en resumir todas las interacciones pasadas de ese sistema y tratar de organizarlas de manera que pueda preverse el efecto de las interacciones futuras.

Partiendo de esta idea, toda la estructura formal de la mecánica cuántica puede deducirse en gran medida de dos simples postulados:[5]

1. La información relevante de cualquier sistema es finita.

2. Siempre puede obtenerse nueva información sobre un sistema físico.

Por «información relevante» se entiende la información que tenemos de un *determinado* sistema como consecuencia de nuestras interacciones pasadas con él, información que nos permite prever el efecto que ejercerán sobre nosotros las futuras interacciones. El primer postulado caracteriza la granularidad de la mecánica cuántica: el hecho de que exista un número finito de posibilidades. El segundo caracteriza la indeterminación de la dinámica cuántica: el hecho de que siempre haya algo imprevisible que nos permite obtener *nueva* información. Cuando adquirimos nueva información sobre un sistema, como la información relevante total no puede crecer indefinidamente (por el primer postulado), parte de la información anterior debe volverse *irrelevante*, esto es, dejar de tener efecto sobre las predicciones futuras. Por eso, en mecánica cuántica, cuando interactuamos con un sistema en general, no sólo adquirimos algo, sino que al mismo tiempo «borramos» una parte de la información sobre el sistema mismo.[6]

De estos dos simples postulados se sigue en gran parte toda la estructura matemática de la mecánica cuántica, lo que significa que la teoría puede expresarse en términos de información hasta un punto sorprendente.

El primero que entendió que la noción de información es fundamental para comprender la realidad cuántica fue John Wheeler, el padre de la gravedad cuántica. Wheeler acuñó el eslogan *«It from bit»* para expresar esta idea. No es fácil de traducir; literalmente significa «ello a partir del bit», siendo bit la unidad mínima de información, la alternativa entre un sí y un no. *It*, «ello», significa aquí «cualquier cosa». Por tanto, el significado viene a ser algo así como «Todo es información».

La información reaparece en el ámbito de la gravedad cuántica. ¿Recuerda el lector que el área de una superficie viene determinada por los espines de los lazos que cortan esa superficie? Estos espines son cantidades discretas y cada uno contribuye al área. Una superficie con una área fija puede estar formada por estos cuantos de área elementales de muy distintos modos, digamos en un número de modos *N*. Por tanto, si conocemos el área de la superficie pero no conocemos cómo se distribuyen exactamente sus cuantos de área, me falta información sobre la superficie. Esta es una de las formas que se usan para calcular el calor de los agujeros negros: los cuantos de área de un agujero negro encerrado dentro de una superficie de determinada área pueden distribuirse de *N* maneras distintas, y, por tanto, es como una taza de té caliente cuyas moléculas pueden moverse de *N* maneras diferentes. Esto significa que puede asociarse una cantidad de «información que falta», es decir, de entropía, a un agujero negro.

La cantidad de información así asociada a un agujero negro depende directamente del área *A* del agujero negro: si el agujero es más grande, la información que falta es mayor.

La información que entra en un agujero negro ya no puede recuperarse desde fuera. Pero esa información siempre lleva consigo una energía en virtud de la cual el agujero negro se hace más grande y su área aumenta. Vista desde fuera, la información que se pierde en el agujero negro aparece ahora como entropía asociada al área de ese agujero negro. El primero que barruntó este fenómeno fue el físico israelí Jacob Bekenstein.

Pero la situación dista de estar clara, porque, como hemos visto en el último capítulo, los agujeros negros emiten radiación térmica y poco a poco se evaporan y empequeñecen, seguramente hasta desaparecer en ese mar de microscópicos agujeros negros que es el espacio a la escala de Planck. ¿Adónde va la información que cayó en el agujero negro conforme este se evapora? Los físicos teóricos están debatiendo esta cuestión y ninguno tiene las ideas muy claras.

Bekenstein, el primer físico que intuyó que un agujero negro debía de tener propiedades térmicas, postuló un principio general según el cual no es posible hallar, dentro de una región cualquiera circunscrita por una superficie de área A, un sistema con una falta de información mayor que la de un agujero negro de esa misma área. Hoy, algunos físicos creen que es una ley universal y la llaman «principio holográfico». Lo de «holográfico» viene de holograma, que es una superficie plana que contiene imágenes tridimensionales. El principio holográfico dice algo parecido: toda la información que podemos sacar de una región queda limitada por el área de su borde y, por tanto, es como si cupiera toda en ese borde.

En realidad, nadie ha entendido claramente qué es este «principio holográfico» del que tanto se habla. Tengamos en cuenta que, en gravedad cuántica, describimos *procesos* y que un proceso es una región de espacio-tiempo. Eso significa que siempre calculamos las probabilidades de lo que sucede en el *borde*, sin describir nunca exactamente lo que ocurre en el interior. Parece que la realidad quiere ser descrita en términos de bordes entre regiones y sistemas y se niega a que describamos completamente lo que ocurre «dentro».

La física habla de la relación entre sistemas y de la información que unos sistemas poseen de otros, información que se intercambian en el borde que media entre un proceso y otro. En esta situación, siempre se tienen correlaciones con sistemas más allá del borde y, por ende, siempre tenemos una situación «estadística». Todo esto indica —creo yo— que entre los fundamentos de nuestra comprensión del mundo debemos incluir, junto con la relatividad general y la mecánica cuántica, la teoría del calor, que es la mecánica estadística, y la termodinámica, que es la teoría de la información. El problema es que la termodinámica de la relatividad general —la mecánica estadística de los cuantos de espacio— aún está en pañales. Todo es aún muy confuso y nos queda mucho por descubrir.

Todo esto nos lleva a la última idea física de la que quiero hablar en este libro, el límite de lo que sé: el tiempo térmico.

Tiempo térmico

El problema del que nace la idea de tiempo térmico es sencillo. En el capítulo 7 he mostrado que para describir la física no es necesario usar la noción de tiempo y que, antes bien, a nivel fundamental es mejor olvidarse por completo de ella. El tiempo no desempeña ninguna función en el nivel fundamental de la física. Una vez comprendido esto, es más fácil formular las ecuaciones de la gravedad cuántica.

Hay muchas nociones cotidianas que no desempeñan ninguna función en las ecuaciones fundamentales del universo; por ejemplo, las nociones de «arriba» y «abajo», las de «caliente» y «frío»... No es, pues, extraño que algunas nociones comunes desaparezcan de la teoría fundamental. Ahora bien, aceptada esta idea, se plantea otro problema. ¿Cómo recuperar la noción de «tiempo» de nuestra experiencia corriente?

Por ejemplo, «arriba» y «abajo» no entran en las ecuaciones fundamentales de la física, pero sabemos lo que significan en un esquema sin un arriba y un abajo absolutos. «Abajo» significa simplemente la dirección hacia una gran masa cercana cuya gravedad nos atrae, y «arriba» la dirección contraria. Lo mismo puede decirse de «caliente» y «frío»: no hay cosas «calientes» o «frías» a nivel microscópico, pero en cuanto reunimos un gran número de componentes microscópicos y los describimos en términos de valores medios, la noción de «calor» cobra sentido: un cuerpo caliente es un cuerpo cuyos componentes se mueven a una velocidad media elevada. Por tanto, podemos entender el significado de «arriba» y de «caliente» en situaciones oportunas: la presencia de una gran masa cercana o el valor medio de la velocidad de muchas moléculas.

Algo parecido debe de pasar con el «tiempo». Si la noción de tiempo no desempeña función alguna a nivel elemental, sí desempeña una significativa en nuestra vida (como «arriba» y «caliente»). ¿Qué significa «ha pasado tiempo» si el tiempo no forma parte de la descripción fundamental del mundo? Este es el problema al que la idea de *tiempo térmico* ofrece una respuesta.

La respuesta es sencilla: el origen del tiempo es como el de la temperatura. Viene de calcular medias de muchísimas variables microscópicas. Expliquemos esto.

Que hay una relación profunda entre tiempo y temperatura es una idea vieja y recurrente, aunque nadie ha entendido bien en qué consiste exactamente esta relación. Si nos fijamos, en todos los fenómenos que vinculamos con el paso del tiempo la temperatura está implicada.

Intentemos decirlo de un modo más preciso. La característica más sobresaliente del tiempo es que va hacia delante y no hacia atrás, su irreversibilidad. Lo que caracteriza lo que llamamos tiempo es la irreversibilidad. Los fenómenos «mecánicos» —aquellos en los que no interviene el calor— son siempre reversibles. Si los filmamos y proyectamos hacia atrás, veremos fenómenos perfectamente realistas. Por ejemplo, si filmamos un péndulo, o una piedra lanzada hacia arriba que sube y cae, y vemos la filmación al revés, seguiremos viendo un razonabilísimo péndulo y una razonabilísima piedra que sube y cae. ¡No!, dirá el lector. ¡Mentira! Cuando la piedra llega al suelo, se queda quieta, pero en la filmación vista hacia atrás la piedra se eleva sola del suelo y esto es imposible. Exacto, y de hecho, cuando la piedra llega al suelo y se queda quieta, ¿adónde va su energía? ¡Va a *calentar* la tierra donde ha caído! Se transforma en un poco de *calor*. En el momento en que se produce calor, se da un fenómeno irreversible: un fenómeno que distingue claramente la filmación vista hacia delante de la vista hacia atrás, el pasado del futuro. En el fondo, siempre es el calor lo que distingue el pasado del futuro.

Esto es universal: una vela arde y se transforma en humo, que no se transforma en vela, y una vela produce calor. Una taza de té hirviendo se enfría y no se calienta: difunde calor. Nosotros vivimos y envejecemos: producimos calor. Nuestra bicicleta envejece con el tiempo y se gasta: produce calor con sus fricciones. Pensemos en el sistema solar: a primera vista, sigue girando como un inmenso mecanismo siempre idéntico a sí mismo. No produce calor y si lo viéramos girar al contrario no notaríamos nada extraño. Pero si miramos mejor, vemos que no es así: el Sol está consumiendo su hidrógeno y algún día se agotará y apagará: también el Sol envejece, produciendo calor. Y no sólo eso: también la Luna parece girar siempre idéntica a sí misma alrededor de la Tierra, cuando en realidad está alejándose lentamente, porque levanta las mareas. Las mareas calientan un poco el mar (calor) y roban energía. Siempre que se produce un fenómeno que certifica el paso del tiempo, se genera calor. Y calor significa hacer la media de muchas variables.

La idea del tiempo térmico consiste en subvertir este planteamiento: en lugar de querer saber por qué el tiempo produce disipación de calor, debemos preguntarnos por qué la disipación de calor produce tiempo.

Gracias al genio de Boltzmann sabemos que la noción de calor viene del hecho de que interactuamos sólo con cantidades medias de muchas variables. La idea del tiempo térmico es que también la noción de tiempo viene del hecho de que interactuamos únicamente con cantidades medias de muchas variables.[7]

Mientras nos limitemos a una descripción completa del sistema, todas las variables del sistema son iguales y ninguna representa el tiempo. Pero en cuanto describimos el sistema por medio de cantidades medias de muchas variables, enseguida estas cantidades medias se comportan como si existiese un tiempo. Un tiempo en el curso del cual el calor se disipa. El tiempo de nuestra experiencia cotidiana.

Así pues, el tiempo no es un componente fundamental del mundo, pero sigue siendo ubicuo, porque el mundo es inmenso y nosotros somos pequeños sistemas del mundo que sólo interactúan con variables macroscópicas. En nuestra vida cotidiana no vemos las partículas elementales, los cuantos de espacio aislados. Vemos piedras, puestas de sol, sonrisas de amigos, y cada una de estas cosas que vemos es un conjunto de miríadas y miríadas de componentes elementales. Nosotros siempre nos correlacionamos con medias. Y las medias se comportan siempre como medias: despiden calor e, intrínsecamente, generan tiempo.

Cuesta asimilar esta idea porque nos resulta muy difícil pensar en un mundo sin tiempo y en un tiempo que se forma de una manera aproximada. Estamos demasiado habituados a pensar en una realidad que existe en el tiempo. Somos seres que viven en el tiempo: habitamos en el tiempo, nos nutrimos de tiempo. Somos un efecto de esta temporalidad, producto de los valores medios de variables microscópicas. Pero las dificultades de nuestra intuición no deben desviarnos del buen camino. Entender mejor el mundo significa muchas veces ir contra nuestra intuición. Si no fuera así, sería más fácil comprenderlo.

El tiempo no es sino una consecuencia de olvidar los microestados físicos de las cosas. El tiempo es la información que no tenemos. El tiempo es nuestra ignorancia.

¿Por qué tiene la noción de información una función tan importante? Quizá porque no hay que confundir lo que sabemos de un sistema con el estado absoluto de ese sistema. Dicho más exactamente, porque lo que sabemos siempre depende de nuestra relación con el sistema. Todo saber es intrínsecamente una relación; en consecuencia, depende por igual del objeto y el sujeto. No existen estados de un sistema que no estén, explícita o implícitamente, referidos a otro sistema físico. La mecánica clásica creyó que podía prescindir de esta simple verdad y presentar, al menos en teoría, una visión de la realidad independiente del que observa. Pero el avance de la física ha demostrado que eso es imposible.

Atención: cuando decimos que «tenemos información», por ejemplo, sobre la temperatura de una taza de té, y «no tenemos información» sobre la velocidad de todas y cada una de las moléculas, no debemos entender que nos referimos a estados mentales o ideas abstractas. Lo que decimos es que las leyes de la física hacen que exista una correlación entre la temperatura y nosotros (por ejemplo, porque hemos mirado el termómetro), y no entre la velocidad de todas y cada una de las moléculas y nosotros. Lo decimos en el mismo sentido en que decimos que tu canica blanca «tiene información» sobre que mi canica también es blanca. Son hechos físicos, no nociones mentales. Una canica puede tener información aunque no piense, del mismo modo que una memoria USB contiene información aunque no piensa (el número de gigabytes de la memoria nos dice la cantidad de información que es capaz de contener). Este tipo de información, estas correlaciones entre estados de sistemas son omnipresentes en el universo.

Creo que es necesario tener presente que, cuando hablamos de realidad, estamos refiriéndonos a esta red de relaciones, de información recíproca que es el tejido del mundo.

Nosotros, por ejemplo, troceamos la realidad que nos rodea y la convertimos en objetos aislados. Pero la realidad no está hecha de objetos. Es un flujo continuo que varía constantemente. En esta variabilidad, marcamos límites que nos permiten hablar de la realidad. Pensemos en las olas del mar. ¿Dónde acaba una ola? ¿Dónde empieza? ¿Quién puede decirlo? Pero las olas son reales. Pensemos en las montañas. ¿Dónde empieza una montaña? ¿Dónde acaba? ¿Hasta dónde llega bajo tierra? Son preguntas sin sentido, porque ni las olas ni las montañas son objetos en sí mismos; son modos que tenemos de dividir el mundo para poder hablar de él más fácilmente. Sus límites son arbitrarios, convencionales, acomodaticios. Son maneras de organizar la información de que disponemos o, mejor dicho, formas de esa información.

Pero lo mismo ocurre con todas las cosas y, bien pensado, con todos los seres vivos. Por eso no tiene mucho sentido preguntarse si la uña que me corto es parte o no de mí, ni si el pelo que mi gato deja en el sofá sigue siendo o no parte del gato, ni cuándo empieza a vivir exactamente un niño. Un niño empieza a vivir el día en que un hombre y una mujer piensan en él por primera vez, o cuando comienza a respirar, o cuando reconoce su nombre, o cuando diga cualquier otra convención que queramos emplear: todas son perfectamente arbitrarias. Son modos de pensar y de orientarse en la complejidad.

Incluso la noción de «sistema físico», esa noción abstracta de la que se alimenta gran parte de la física, no es, obviamente, sino otra idealización, otro modo de organizar nuestra fluctuante información sobre lo real.

Un sistema vivo es un sistema que se reforma constantemente e interactúa sin cesar con el mundo exterior. De estos sistemas, sólo subsisten los que lo hacen con mayor eficacia y, por tanto, en los sistemas que existen se manifiestan las propiedades que les han permitido subsistir y que son las que hacen posible la subsistencia. Por eso los sistemas vivos son susceptibles de interpretación y los interpretamos en términos de intencionalidad, de finalidad.

En el mundo biológico, la finalidad —y este es el gran descubrimiento de Darwin— es la expresión o, lo que es lo mismo, el nombre que damos al resultado de la selección de formas complejas que subsisten con eficacia. Pero la manera más eficaz de subsistir en un ambiente es saber gestionar las correlaciones con el mundo exterior, es decir, la información que tenemos de él, y recoger, almacenar, transmitir y elaborar información. Por eso existen códigos de ADN, sistemas inmunitarios, órganos sensoriales, sistemas nerviosos, cerebros complejos, lenguajes, libros, la biblioteca de Alejandría, ordenadores y Wikipedia: para maximizar la eficacia de la gestión de la información, la gestión de las correlaciones.

La estatua que Aristóteles ve en un bloque de mármol existe, es real, y es algo más que un bloque de mármol, pero no es algo que se agote en la estatua misma: es algo que reside en las interacciones entre el cerebro de Aristóteles, o el nuestro, y el mármol. Es algo que tiene que ver con la información que el mármol tiene sobre otra cosa y que es significativa para Aristóteles y para nosotros. Es algo mucho más complejo que guarda relación con el discóbolo, con Fidias, con Aristóteles, con el mármol, y que reside en la disposición correlativa de los átomos de la estatua y en las correlaciones entre esos átomos y miles de otros que hay en nuestra cabeza y en la de Aristóteles. Esos átomos nos hablan del discóbolo como tu canica blanca, lector, te habla de mi canica blanca. Somos estructuras que han sido seleccionadas para gestionar mejor (mejor a fin de subsistir) exactamente eso: información.

Esto es sólo un repaso brevísimo, pero es evidente que la noción de información desempeña un papel importantísimo en los intentos actuales de entender el mundo. De la estructura de los sistemas de comunicación a los fundamentos genéticos de la biología, de la termodinámica a la mecánica cuántica, pasando por la gravedad cuántica, parece que la noción de información esté ganando cada vez más terreno como modo de comprender. Quizá no haya que pensar en el mundo como en un conjunto amorfo de átomos, sino como un juego de espejos basado en las correlaciones que se dan entre las estructuras formadas por las combinaciones de esos átomos.

Como decía Demócrito: la cuestión no es sólo qué átomos hay, sino en qué orden se disponen. Los átomos son como letras de un alfabeto: un extraordinario alfabeto tan rico que puede leerse, reflejarse y hasta pensarse a sí mismo. No somos átomos: somos órdenes en los que se disponen los átomos, capaces de reflejar otros átomos y de reflejarnos a nosotros mismos.

Demócrito da una extraña definición de «hombre»: «El hombre es lo que todos conocemos».[8] Parece tonta y vacía, y ha sido criticada por eso, pero no lo es. Salomon Luria, el máximo estudioso de Demócrito, observa que lo que dice este no es una banalidad. La naturaleza de un hombre no viene dada por su conformación física interna, sino por la red de interacciones personales, familiares y sociales en que vive. Son estas interacciones las que nos «hacen», las que nos protegen. En cuanto «hombres», somos lo que los demás saben de nosotros y lo que nosotros sabemos de nosotros mismos y de lo que los demás saben de nosotros. Somos complejos de nodos en una riquísima red de información recíproca.

Todo esto no es sino una teoría. Son rastros que seguimos para —creo— entender mejor el mundo. Aún nos queda mucho por comprender: de eso trata el siguiente capítulo, el último.

El misterio

La verdad está en lo profundo.

Demócrito[1]

He hablado de cómo creo que es la naturaleza a la luz de lo que llevamos aprendido. He repasado rápidamente la evolución de algunas ideas clave de la física fundamental, he ilustrado los grandes descubrimientos de la física del siglo xx y descrito la imagen del mundo que la investigación en materia de gravedad cuántica está dibujando.

¿Estamos seguros de todo eso? No.

Una de las primerísimas y más bellas páginas de la historia de la ciencia es el pasaje del *Fedón* de Platón en el que Sócrates explica la forma de la Tierra. Sócrates dice que «cree» que la Tierra es una esfera, con grandes valles donde viven los hombres. Bastante acertado, aunque un poco confuso. Y añade: «No estoy seguro». Este pasaje vale mucho más que las tonterías sobre la inmortalidad del alma que llenan el resto del diálogo. No sólo es el texto más antiguo llegado hasta nosotros en el que se habla explícitamente de que la Tierra podría ser redonda, sino que destaca por la cristalina claridad con la que Platón reconoce los *límites* del saber de su tiempo. «No estoy seguro», dice Sócrates.

Esta clara conciencia de nuestra ignorancia es el origen del pensamiento científico. Gracias a esta conciencia de los límites de nuestro conocimiento hemos aprendido tantas cosas del mundo. Hoy no estamos seguros de lo que sospechamos, como no lo estaba Sócrates de la esfericidad de la Tierra, pero estamos explorando lo que se halla en los confines de nuestro saber.

La conciencia de los límites de nuestro conocimiento es también conciencia de que lo que sabemos, o creemos saber, puede ser impreciso o erróneo. Sólo si tenemos bien presente que nuestras creencias podrían estar equivocadas seremos capaces de librarnos de ellas y seguir aprendiendo. Para seguir aprendiendo hay que tener el valor de aceptar que lo que creemos saber, incluidas nuestras convicciones más arraigadas, puede ser falso, iluso o necio. Sombras proyectadas en la pared de la caverna de Platón.

La ciencia nace de este acto de humildad: no fiarse ciegamente de nuestras intuiciones. No fiarse de lo que todos dicen. No fiarse del conocimiento acumulado por nuestros padres y abuelos. Nada aprendemos si pensamos que ya sabemos lo esencial, si creemos que lo esencial está ya escrito en un libro o custodiado por los ancianos de la tribu. Los siglos en que los hombres han tenido fe en lo que creían son los siglos en los que todo permaneció inmóvil y nadie aprendió nada nuevo. Si hubieran tenido fe ciega en el saber de sus padres, Einstein, Newton y Copérnico no habrían puesto nada en tela de juicio ni habrían hecho avanzar nuestro saber. Si nadie hubiera dudado, aún estaríamos adorando a faraones y pensando que la Tierra descansa sobre una tortuga. Incluso el saber más eficaz, como el construido por Newton, puede acabar revelándose ingenuo, como demostró Einstein.

Algunas veces se reprocha a la ciencia que pretenda explicarlo todo, saber la respuesta a todas las preguntas. A un científico este reproche le hace gracia, porque la realidad es la contraria, como no ignora ningún investigador de ningún laboratorio del mundo: hacer ciencia significa toparse a diario con nuestros propios límites, con las innumerables cosas que no sabemos y no podemos hacer. ¡Nada de pretender explicarlo todo! No sabemos qué partículas veremos el año que viene en el CERN, qué verán nuestros futuros telescopios, qué ecuaciones describen realmente el mundo; no sabemos resolver las ecuaciones que tenemos y a veces ni siquiera lo que significan; no sabemos si la bella teoría en la que estamos trabajando es correcta, no sabemos lo que hay más allá del *big bang,* no sabemos cómo funcionan una tormenta, una bacteria, un ojo, las células de nuestro cuerpo ni nuestro mismo pensamiento. Un científico es alguien que vive al borde del saber, en estrecho contacto con sus innumerables límites y con los límites del conocimiento.

Si no estamos seguros de nada, ¿cómo fiarnos de lo que nos dice la ciencia? La respuesta es sencilla: no es que la ciencia sea fiable porque nos da respuestas ciertas, es fiable porque nos da las mejores respuestas que tenemos en este momento, las mejores respuestas halladas hasta ahora. La ciencia ofrece el mejor conocimiento sobre los problemas que afronta. Y la mejor garantía de que las respuestas que brinda son las mejores disponibles es precisamente su capacidad de aprender, de poner en cuestión el saber: cuando se encuentran respuestas mejores, estas respuestas mejores pasan a ser la ciencia. Cuando Einstein halló respuestas mejores y demostró que Newton se equivocaba, no dudó de que la ciencia pudiera dar las mejores respuestas posibles, sino al contrario: confirmó que podía.

Y lo que necesitamos son cosas fiables, no ciertas. Porque cosas ciertas ni tenemos ni tendremos nunca, a menos que queramos creer a pie juntillas en algo. Las respuestas más fiables son las respuestas científicas porque la ciencia *es* la investigación de las respuestas más fiables, no de las respuestas ciertas.

La aventura de la ciencia, aunque hunde sus raíces en el saber anterior, tiene su razón de ser en el cambio. La historia que he contado es una historia cuyas raíces se remontan a milenios atrás y que ha atesorado todas las formas de pensamiento, pero que, al mismo tiempo, nunca ha dudado en descartar cosas cuando se ha demostrado que otras funcionaban mejor. El pensamiento científico es crítico, rebelde, reacio a aceptar concepciones a priori, reverencias, verdades intocables. La búsqueda del conocimiento no se alimenta de certezas, sino de una radical falta de ellas.

Esto significa no creer a quien dice estar en posesión de la verdad. Por esta razón chocan muchas veces la ciencia y la religión. No porque la ciencia pretenda conocer respuestas últimas, sino exactamente por lo contrario: porque el espíritu científico se ríe de los que dicen conocer respuestas últimas, tener un acceso privilegiado a la verdad.

Aceptar la sustancial incertidumbre de nuestro saber significa aceptar vivir en la ignorancia y, por tanto, en el misterio. Vivir con preguntas a las que no sabemos (no sabemos aún o quizá nunca sabremos) dar respuesta.

Vivir en la incertidumbre es difícil. Hay quien prefiere una certeza cualquiera, aunque sea claramente infundada, a la incertidumbre que genera la conciencia de nuestros límites. Hay quien prefiere creerse lo que sea sólo porque se lo creían los ancianos de la tribu, sin importarle si es verdadero o falso, a tener el valor de ser sincero y aceptar que vivimos sin saber todo lo que querríamos saber.

La ignorancia puede dar miedo. Por miedo, podemos contarnos un cuento que nos procure seguridad, algo que calme nuestra inquietud. Más allá de las estrellas hay un jardín encantado y un dulce padre que nos acogerá entre sus brazos. No importa que sea o no verdad; podemos decidir tener fe en este cuento que nos consuela, pero que nos quita las ganas de aprender.

En el mundo siempre hay alguien que pretende darnos respuestas últimas. Mejor dicho, el mundo está lleno de personas que dicen conocer la Verdad, porque la han aprendido de los padres, porque la han leído en un Gran Libro, porque la han recibido directamente de un dios, porque la encuentran en lo más hondo de sí mismos. Siempre hay alguien, o alguna institución, que dice ser depositario de la Verdad y se apresura a ofrecer a todo el mundo respuestas consoladoras a las preguntas inquietantes. «No tengáis miedo, en lo alto hay alguien que os ama.» Siempre hay alguien que se cree depositario de la Verdad, sin darse cuenta de que el mundo está lleno de *otros* depositarios de la Verdad, cada uno con su propia Verdad, distinta de la de los demás. Siempre hay alguien vestido de blanco que dice: «Escuchadme a mí, yo soy infalible».

Yo no critico a quien prefiere creer en las fábulas: cada cual es libre de creer en lo que quiera y de hacer lo que le plazca con su inteligencia. Quien tiene miedo de preguntar puede hacer lo que San Agustín que, medio en broma, refiere la respuesta que una vez oyó a la pregunta de qué hacía Dios antes de crear el mundo: *«Alta scrutantibus gehennas parabat»*,[2] «Preparaba el infierno para los que quieren conocer los misterios profundos». Ese mismo lugar «profundo» al que Demócrito, en la cita que encabeza este capítulo, nos dice que vayamos a buscar la verdad.

Por mi parte, prefiero mirar a la cara a nuestra ignorancia, aceptarla y tratar de ver más allá, intentar conocer lo que podemos conocer. No sólo porque aceptar nuestra ignorancia es el mejor camino para escapar de las supersticiones y los prejuicios, sino, sobre todo, porque creo que aceptar nuestra ignorancia es el camino más verdadero, más bello y más honrado.

Tratar de ver más lejos, de ir más lejos, me parece una de esas cosas maravillosas que dan sentido a la vida. Como amar y como contemplar el cielo. La curiosidad de aprender, de descubrir, de querer mirar al otro lado de la montaña, de querer probar la manzana, es lo que nos hace humanos. Como les recuerda a sus compañeros el Ulises de Dante, no estamos hechos «para vivir como brutos, sino para perseguir la virtud y el conocimiento».

El mundo es más extraordinario y profundo que cualquiera de las fábulas que nos cuentan los padres. Queremos verlo. Aceptar la incertidumbre no nos priva del misterio, al contrario; estamos inmersos en el misterio y la belleza del mundo. El mundo que la gravedad cuántica nos revela es un mundo nuevo, extraño, que sigue lleno de misterio, pero que es coherente en su sencilla y límpida belleza.

Es un mundo que no existe en el espacio ni evoluciona con el tiempo. Es un mundo hecho solamente de campos cuánticos que interactúan y cuyo pulular genera, a través de una tupida red de interacciones recíprocas, espacio, tiempo, partículas, ondas y luz (figura 13.1).

> Y sigue,
> sigue pululando muerte y vida
> tierna y hostil, clara e incognoscible.

Figura 13.1 Una representación intuitiva de la gravedad cuántica.

Y prosigue el poeta:

Tanto alcanza el ojo desde esta torre de vigía.[3]

Un mundo sin infinitos, donde no existe lo infinitamente pequeño porque existe una escala mínima para este pulular, por debajo de la cual no existe nada. Cuantos de espacio se confunden en la espuma del espacio-tiempo y la estructura de las cosas nace de la información recíproca que tejen las correlaciones entre las regiones del mundo. Un mundo que podemos describir con una serie de ecuaciones. Ecuaciones que quizá haya que corregir.

Es un vasto mundo que aún está por aclarar, por explorar. Mi sueño más hermoso es que algún joven lector de este libro vaya a descubrirlo, a iluminarlo. Más allá de la montaña hay otros mundos aún más vastos, todavía inexplorados.

Apéndices

Bibliografía comentada

Alfieri, V.E., *Lucrezio,* Le Monnier, Florencia, 1929. Interpretación romántica del poema de Lucrecio y de la personalidad del autor. Fascinante, quizá poco creíble la reconstrucción de esta última, pero espléndida sensibilidad poética. Interesante la lectura casi opuesta de Lucrecio por parte de Odifreddi (véase más abajo).

Andolfo, M. (ed.), *Atomisti antichi. Frammenti e testimonianze*, Rusconi, Milán, 1999. Antología bastante completa que da buena idea de lo que nos queda del atomismo antiguo. Interesante la introducción, que subraya la importancia de la metáfora lingüística.

Aristóteles, *La generazione e la corruzione,* Bompiani, Milán [trad. esp.: *Acerca de la generación y la corrupción,* Gredos, Madrid, 1998]. El principal texto de Aristóteles con información sobre el pensamiento de Demócrito.

Baggott, J., *The Quantum Story: A History in 40 Moments,* Oxford University Press, Nueva York, 2011. Bonito y completo repaso de las principales etapas por las que ha pasado la mecánica cuántica desde sus orígenes hasta nuestros días.

Bitbol, M., «Physical Relations or Functional Relations? A Non-metaphysical Construal of Rovelli's Relational Quantum Mechanics», *Philosophy of Science Archives*, 2007, http://philsci-archive.pitt.edu/3506/. Comentario e interpretación kantiana de la mecánica cuántica relacional.

Bojowald, M., *Prima del big bang. Storia completa dell'universo,* Bompiani, Milán, 2011 [trad. esp.: *Antes del big bang. Una historia completa del universo,* Debolsillo, Barcelona, 2011]. Exposición divulgativa del origen del universo según la gravedad cuántica de lazos.

El autor es uno de los iniciadores de este enfoque. Ilustra el «rebote del universo» que podría haberse producido antes del *big bang*.

Calaprice, A., *Dear Professor Einstein. Albert Einstein's Letters to and from Children*, Prometheus Books, Nueva York, 2002 [trad. esp.: *Querido profesor Einstein*, Gedisa, Barcelona, 2003]. Deliciosa antología de la correspondencia entre Einstein y algunos niños.

Demócrito, *Raccolta dei frammenti*, interpretación y comentarios de S. Luria, Bompiani, Milán, 2007. Antología completa de fragmentos y testimonios sobre Demócrito. Curiosa introducción en la que Giovanni Reale se afana por negar el materialismo de Demócrito al punto de achacarlo ¡a la censura soviética!

Diels, H., y W. Kranz (eds.), *Die Fragmente der Vorsokratiker*, Weidmann, Berlín, 1903. Es el texto de referencia clásico de fragmentos y testimonios sobre los pensadores griegos más antiguos.

Dorato, M., «Rovelli's Relational Quantum Mechanics, Monism and Quantum Becoming», *Philosophy of Science Archives*, 2013, http://philsci-archive.pitt.edu/9964/. Comentario del filósofo italiano sobre la interpretación relacional de la mecánica cuántica.

—, *Che cos'é il tempo? Einstein, Gödel e l'esperienza comune*, Carocci, Roma, 2013. Preciso y exhaustivo comentario, centrado en la relatividad especial, sobre la modificación einsteiniana del concepto de tiempo.

Fano, V., *I paradossi di Zenone*, Carocci, Roma, 2012. Un bello libro, que pone de manifiesto la actualidad de los problemas planteados por las paradojas de Zenón.

Farmelo, G., *L'uomo più strano del mondo. Vita segreta di Paul Dirac, il genio dei quanti,* Raffaello Cortina, Milán, 2013. Extensa pero legible biografía del físico más grande de la historia después de Einstein, de carácter desconcertante.

Feynman, R., *La fisica di Feynman*, Zanichelli, Bolonia, 1990. Manual de física elemental basado en las clases del físico estadounidense más grande de todos los tiempos. Brillante, original, vivaz, inteligentísimo. Ningún estudiante de física al que interese realmente la ciencia debería dejar de leerlo y llevarlo siempre consigo.

Fölsing, A., *Albert Einstein: A Biography*, Penguin, Nueva York, 1998. Extensa y completa biografía de Einstein.

Gorelik, G., y V. Frenkel, *Matvei Petrovich Bronstein and Soviet Theoretical Physics in the Thirties*, Birkhauser Verlag, Boston, 1994. Estudio histórico sobre Bronstein, el joven ruso que inició la investigación de la gravedad cuántica, ejecutado por la policía de Stalin.

Greenblatt, S., *The Swerve: How the World Became Modern*, W.W. Norton, Nueva York, 2011 [trad. esp.: *El giro. De cómo un manuscrito olvidado contribuyó a crear el mundo moderno*, Crítica, Barcelona, 2014]. Un libro que trata de la influencia del redescubierto poema de Lucrecio en el nacimiento del mundo moderno.

Heisenberg, W., *Fisica e filosofia*, Il Saggiatore, Milán, 1961. El verdadero inventor de la mecánica cuántica reflexiona sobre cuestiones generales de filosofía de la ciencia.

Kumar, M., *Quantum. Einstein, Bohr, la teoria dei quanti, una nuova idea della realtà,* Mondadori, Milán, 2011 [trad. esp.: *Quantum. Einstein, Bohr y el gran debate sobre la naturaleza de la realidad,* Kairós, Barcelona, 2012]. Preciosa reconstrucción divulgativa, pero detallada, del nacimiento de la mecánica cuántica y sobre todo del largo diálogo entre Bohr e Einstein sobre el sentido de la nueva teoría.

Lucrecio, *La natura delle cose,* Rizzoli, Milán, 1994 [trad. esp.: *La naturaleza de las cosas*, Alianza, Madrid, 2013]. El principal poema que nos transmite las ideas y el espíritu del atomismo antiguo.

Martini, S., *Democrito: filosofo della natura o filosofo dell'uomo?*, Armando, Roma, 2002. Texto académico en que se pone de manifiesto el doble aspecto de Demócrito: científico de la naturaleza y humanista.

Newton, I., *Il sistema del mondo*, Boringhieri, Turín, 1969 [trad. esp.: *El sistema del mundo,* Alianza, Madrid, 1992]. Un libro poco conocido de Newton donde expone su teoría de la gravitación universal de manera mucho menos técnica que en su gran tratado (los *Principia)*.

Odifreddi, P., *Come stanno le cose. Il mio Lucrezio, la mia Venere*, Rizzoli, Milán, 2013. Bella traducción ampliamente comentada del poema de Lucrecio, que subraya su carácter científico y moderno. Texto académico ideal. Interesante lectura de Lucrecio casi opuesta a la de Alfieri (véase más arriba).

Platón, *Fedone o sull'anima*, Feltrinelli, Milán, 2007 [trad. esp.: *Fedón*, Tecnos, Madrid, 2009]. El texto más antiguo que se conserva en el que se habla explícitamente de una Tierra esférica.

Rovelli, C., «Relational quantum mechanics», en *International Journal of Theoretical Physics*, 35, 1637, 1996, http://arxiv.org/abs/quant-ph/9609002. El artículo original que introduce la interpretación relacional de la mecánica cuántica.

—, *Che cos'è il tempo? Che cos'è il spazio?,* Di Renzo, Roma, 2000. Transcripción de una larga entrevista donde repaso mi trayectoria personal y científica y expongo brevemente el origen de las ideas de las que este libro trata con mucho mayor detalle.

—, «Relational quantum mechanics», en *The Standford Encyclopedia of Philosophy*, http://plato.stanford.edu/archives/win2003/entries/rovelli/. Síntesis, en el estilo de la enciclopedia, de la interpretación relacional de la mecánica cuántica.

—, *Quantum Gravity*, Cambridge University Press, Cambridge, Reino Unido, 2004. Manual técnico de gravedad cuántica. Vivamente desaconsejado a quien carezca de preparación en física.

—, «Quantum Gravity», en J. Butterfield y J. Earman (eds.), *Handbook of the Philosophy of Science, Philosophy of Physics*, Elsevier/North-Holland, Amsterdam, 2007, pp. 1287-1330. Largo artículo para filósofos con un comentario detallado sobre el estado actual de la gravedad cuántica, de sus cuestiones abiertas y de sus diferentes enfoques.

—, *Che cos'è la scienza? La rivoluzione di Anaximandro*, Mondadori, Milán, 2012. Este libro es, en primer lugar, una exposición del pensamiento del que, en cierto sentido, fue el primero y uno de los más importantes científicos de la humanidad, Anaximandro, y de la inmensa influencia que ejerció en el desarrollo del pensamiento científico. En segundo lugar, es una reflexión sobre el origen y la naturaleza del pensamiento científico, sobre lo que lo caracteriza, sobre lo que lo distingue del pensamiento religioso y sobre cuáles son sus límites y su fuerza.

Smolin, L., *Vita del cosmo,* Einaudi, Turín, 1998. Buen libro divulgativo en el que Smolin expone sus ideas sobre física y cosmología.

—, *Three Roads to Quantum Gravity,* Basic Books, Nueva York, 2002. Sobre la relatividad cuántica y sus cuestiones abiertas.

Van Fraassen, B., «Rovelli's world», en *Foundations of Physics,* 40, 2010, págs. 390-417. Comentario sobre la mecánica cuántica relacional de uno de los más grandes filósofos analíticos vivos.

Notas

1. Granos

1. Sobre el pensamiento científico de los milesios, y en particular de Anaximandro, véase C. Rovelli, *Che cos'è la scienza. La rivoluzione di Anassimandro*, Mondadori, Milán, 2012.

2. Simplicio, por ejemplo, afirma que es milesio (véase M. Andolfo, *Atomisti antichi. Frammenti e testimonianze,* Rusconi, Milán, 1999, pág. 103), pero no es seguro. Una posibilidad transmitida por los antiguos es que fuera de Elea. La mención de Mileto y Elea es significativa en relación con las raíces culturales de su pensamiento. De la deuda de Leucipo con Zenón de Elea se trata en las páginas siguientes.

3. Séneca, *Naturales quaestiones*, VII, 3, 2 [trad. esp.: *Cuestiones naturales*, Cátedra, Madrid, 2014].

4. Cicerón, *Academica priora,* II, 23, 73.

5. Sexto Empírico, *Adversus mathematicos*, VII, 135 [trad. esp.: *Contra los profesores,* Obra completa, Gredos, Madrid, 1997].

6. Véase Aristóteles, *De generatione et corruptione*, A1, 315b 6 [trad. esp.: *Acerca de la generación y la corrupción*, Gredos, Madrid, 1998].

7. Para una antología de fragmentos y testimonios antiguos que hablan del atomismo, véase M. Andolfo, *Atomisti antichi, opus cit*. Salomon Luria ha reunido una antología muy completa de fragmentos y testimonios sobre Demócrito (véase Demócrito, [trad. esp.: *De Tales a Demócrito. Fragmentos presocráticos,* Alianza, Madrid, 2007]).

8. Un breve e interesante libro sobre el pensamiento de Demócrito, que pone de manifiesto su humanismo, es el de S. Martini, *Democrito: filosofo della natura o filosofo dell'uomo?,* Armando, Roma, 2002.

9. Platón, *Fedón*, XLVI [trad. esp.: *Fedón*, Tecnos, Madrid, 2009].

10. R. Feynman, *La fisica di Feynman*, Zanichelli, Bolonia, 1990, libro I, capítulo 1.

11. Véase Aristóteles, *De generatione et corruptione*, *op. cit.*, A2, 316a.

12. Un buen texto reciente sobre las paradojas de Zenón y sobre su actual importancia filosófica y matemática es el de V. Fano, *I paradossi di Zenone,* Carocci, Roma, 2012.

13. En términos técnicos, existen series infinitas convergentes. La del ejemplo de la cuerda es $\sum_{n=1}^{\infty} 2^{-n}$, que converge en 1. Las sumas infinitas convergentes no se conocían en tiempos de Zenón. Arquímedes, sin embargo, las entendía y las usó para calcular áreas. Newton las utilizaba también, pero hubo que esperar al siglo xx, con Bolzano y Weierstrass, para concebir con completa claridad conceptual estos objetos matemáticos. Con todo, ya Aristóteles apunta en esta dirección para responder a Zenón; la distinción aristotélica entre infinito en acto e infinito en potencia contiene ya la distinción clave entre la divisibilidad sin límite y la posibilidad de dividir algo infinitas veces.

14. «Los versos del sublime Lucrecio / sólo perecerán el día que se acabe la Tierra» (I, 15, 23-24).

15. Estas son algunas de las obras de Demócrito cuyo título nos ha transmitido Diógenes Laercio: *Gran cosmología; Pequeña cosmología; Cosmografía; Sobre los planetas; Sobre la naturaleza; Sobre la naturaleza humana; Sobre la inteligencia; Sobre las sensaciones; Sobre el alma; Sobre los sabores; Sobre los colores; Sobre las diversas trayectorias de los átomos; Sobre los cambios de configuración; Las causas de los fenómenos celestes; Las causas de los fenómenos atmosféricos; Las causas del fuego y de los fenómenos ígneos; Las causas de los fenómenos acústicos; Las causas de las semillas, las plantas y los frutos; Las causas de los animales; Descripción del cielo; Geografía; Descripción del Polo; Sobre la geometría; Las realidades geométricas; Sobre la tangente del círculo y de la esfera; Los números; Sobre las líneas irracionales y los sólidos; Proyecciones; Astronomía; Tabla astronómica; Sobre el rayo luminoso; Sobre las imágenes reflejadas; Sobre los ritmos y la armonía; Sobre la poesía; Sobre la belleza de los cantos; Sobre la eufonía y la cacofonía; Sobre Homero; Sobre la corrección expresiva y lingüística; Sobre las palabras; Sobre las denominaciones; Sobre el valor o sobre la virtud; Sobre la disposición que caracteriza al sabio; La ciencia médica; Sobre la agricultura; Sobre la pintura; La táctica; Los peligros oceánicos; Sobre la historia; El pensamiento de los caldeos; El pensa-*

miento de los frigios; Sobre las letras sagradas de Babilonia; Sobre las letras sagradas de Meroe; Sobre la fiebre y la tos biliar por enfermedad; Sobre las aporías; Cuestiones legales; Pitágoras; Sobre el canon de los razonamientos; Las confirmaciones; Apuntes de ética; La felicidad. Todo perdido...

16. Lucrecio, *De rerum natura*, I, 76 [trad. esp.: *La naturaleza de las cosas*, Alianza, Madrid, 2013].

17. Ibídem, II, 990.

18. Ibídem, II, 16.

19. Ibídem.

20. Guido Cavalcanti, *Rime,* Ledizione, Milán, 2012 [trad. esp.: *La vida nueva: de rimas*, Siruela, Madrid, 2004].

21. Sobre el hallazgo del texto de Lucrecio y su repercusión en la cultura europea, véase S. Greenblatt, *The Swerve: How the World Became Modern*, W. W. Norton, Nueva York, 2011 [trad. esp.: *El giro. De cómo un manuscrito olvidado contribuyó a crear el mundo moderno,* Crítica, Barcelona, 2014].

22. Véase M. Camerota, «Galileo, Lucrezio e l'atomismo», en F. Citti y M. Beretta (eds.), *Lucrezio, la natura e la scienza*, Leo S. Olschki, Florencia, 2008, págs. 141-175.

23. Véase R. Kargon, *Atomism in England from Hariot to Newton*, Oxford University Press, Oxford, 1966.

24. W. Shakespeare, *Romeo and Juliet*, 1, 4 [trad. esp.: *Romeo y Julieta,* Cátedra, Madrid, 2009].

25. Lucrecio, *De rerum natura, op. cit.*, II, 160.

26. H. Diels y W. Kranz (eds.), *Die Fragmente der Vorsokratiker,* Weidmann, Berlín, 1903, 68b, 247 (véase la bibliografía para las traducciones italianas/españolas).

2. Los clásicos

1. La mala fama de la física de Aristóteles se remonta a las polémicas de Galileo, quien debía ir más allá y, por tanto, la criticaba. Polémico como era, la ataca sin contemplaciones y con ironía.

2. Yámblico de Calcis, *Summa pitagorica* [trad. esp.: *Vida pitagórica*, Gredos, Madrid, 2003].

251

3. El cuadrado del periodo de revolución es proporcional al cubo del radio de la órbita. Esta ley se ha revelado correcta no sólo para los planetas que giran en torno al Sol (Kepler), sino asimismo para los satélites de Júpiter (Huygens). Newton supone, por inducción, que también debe de ser verdadera en el caso de las hipotéticas lunas de la Tierra. La constante de proporcionalidad depende del cuerpo en torno al cual se orbita: por eso los datos de la órbita lunar permiten calcular el periodo de la luna pequeña.

4. Newton, *Optiks* (1704) [trad. esp.: *Óptica,* Alfaguara, Madrid, 1977].

5. La energía liberada por los motores de combustión es química y, por tanto, en última instancia, también electromagnética.

6. I. Newton, *Letters to Bentley,* Kessinger (MT), 2010. Citado en H.S. Thayer, *Newton's Philosophy of Nature,* Hafner, Nueva York, 1953, pág. 54.

7. Ibídem.

8. M. Faraday, *Experimental Researches in Electricity*, Bernard Quaritch, Londres, 1839-1855, vol. 3, págs. 436-437.

9. En el tratado original de Maxwell, las ecuaciones ocupan una página. Las mismas ecuaciones caben hoy en media línea: $d\,F = 0$, $d\,{*}F = J$. Más adelante veremos por qué.

10. Si nos imaginamos el campo como un vector (una flecha) en todos los puntos del espacio, esa flecha es la dirección de la línea de Faraday en esos puntos, o sea, la tangente de la línea de Faraday, y la longitud de la flecha es proporcional a la densidad de las líneas de Faraday en esos puntos.

3. Albert

1. El conjunto de los acontecimientos considerados a distancia espacial con respecto a un observador.

2. El lector astuto objetará que el momento que hay *en mitad* de mi cuarto de hora puede considerarse simultáneo a su respuesta. El lector que ha estudiado física reconocerá que esta es la «convención de Einstein» con la que se define la simultaneidad. Sin embargo, esta definición de simultaneidad depende de si yo me muevo y, por tanto, no define la

simultaneidad directamente entre dos acontecimientos, sino sólo una simultaneidad «relativa» al movimiento de cuerpos concretos. En la figura 3.3, una bolita está a mitad de camino entre *a* y *b*, los puntos en que salgo del pasado del observador y entro en su futuro. La otra bolita se halla a mitad de camino entre *c* y *d,* los puntos en que salgo del pasado del observador y entro en su futuro si me muevo en una dirección distinta. Ambas bolitas son simultáneas al lector, según esta definición de simultaneidad, pero ocurren en momentos sucesivos. Las dos bolitas son simultáneas al lector, pero «relativas» a dos movimientos distintos. De aquí el nombre de «relatividad».

3. Simplicio, *Aristotelis Physica,* 28, 15.

4. Avión y pelota siguen líneas geodésicas en una distancia curva. En el caso de la pelota, la geometría es aproximada por la distancia $ds^2 = (1 - 2\Phi(x)) \, dt^2 - dx^2$, donde $\Phi(x)$ es el potencial newtoniano. En consecuencia, el efecto del campo gravitatorio se reduce efectivamente sólo a la dilatación del tiempo. (El lector que conozca la teoría advertirá la curiosa inversión de signo: la trayectoria física es la que *maximiza* su tiempo, como ocurre siempre en el ámbito especial-relativista.)

5. La observación del sistema binario PSR B1913+16 muestra que las dos estrellas que giran una alrededor de la otra irradian ondas gravitatorias. Estas observaciones les valieron a Russell Hulse y a Joseph Taylor el Premio Nobel en 1993.

6. Plutarco, *Adversus Colotem,* 4, 1108 y sigs. La palabra φύσιν significa «naturaleza», en el sentido también en que se dice la «naturaleza de algo».

7. Este término se llama «cosmológico» porque sólo tiene efectos a escala grandísima, cosmológica, precisamente. La constante Λ se llama «constante cosmológica» y su valor se calculó a finales de los años noventa, lo que les valió el Premio Nobel a los astrónomos Saul Perlmutter, Brian P. Schmidt y Adam G. Riess en 2011.

8. A. Calaprice, *Dear Professor Einstein. Albert Einstein's Letters to and from Children*, Prometheus Books, Nueva York, 2002, pág. 140 [trad. esp.: *Querido profesor Einstein,* Gedisa, Barcelona, 2003].

9. En Gotinga, donde trabajaba Hilbert, se encontraba la mayor escuela de geometría de la época.

10. La carta figura en A. Fölsing, *Einstein: A Biography*, Penguin, Londres, 1998, pág. 337.

11. F.P. De Ceglia (ed.), *Scienziati di Puglia: secoli v a.C.-XXI*, tercera parte, Adda, Bari, 2007, pág. 18.

12. La esfera normal es el conjunto de los puntos en R^3 determinados por la ecuación $x^2 + y^2 + z^2 = 1$. La hiperesfera es el conjunto de los puntos en R^4 determinados por la ecuación $x^2 + y^2 + z^2 + u^2 = 1$.

13. Se ha objetado que Dante habla de «círculos» y no de «esferas». Pero la objeción no vale: Brunetto Latini dice en su libro: «Un círculo como la cáscara de un huevo». La palabra «círculo», para Dante y para su maestro y tutor, indica todo lo que es circular, incluidas las esferas.

14. En la superficie de la Tierra, con el Polo Norte y con dos puntos oportunamente escogidos del Ecuador, se puede formar un triángulo con tres lados iguales y con tres ángulos rectos, algo imposible de hacer en un plano

15. A. Calaprice, *Dear Professor Einstein*, *op. cit.*, pág. 208.

4. *Los cuantos*

1. A. Einstein, «Über einen die Erzeugung und Verwandlung des Lichtes betreffenden heuristischen Gesichtpunkt», en *Annalen der Physik*, 17, págs. 132-148.

2. Formas más o menos agudas de autismo son bastante frecuentes entre los científicos (aunque existen también, como es natural, excelentes científicos de lo más sociables). Se llama síndrome de Asperger a una forma leve de autismo que no afecta (demasiado) a la vida cotidiana. Los psicólogos han estudiado la relación que existe entre condiciones autistas y habilidades científicas (véase, por ejemplo, Baron-Cohen *et al.*, «The autism-spectrum quotient [AQ]: Evidence for Asperger syndrome/high functioning autism, males and females, scientists and mathematicians», en *The Journal of Autism and Developmental Disorders*, 31, 1, 2001, págs. 5-17). La labor científica, sobre toda la teórica, requiere en primer lugar gran capacidad de concentración, así como la de seguir las ideas propias de una manera apasionada. Estas dotes son comunes en personalidades autistas, muchas veces en detrimento de la capacidad social. Curar a las personas de sus rarezas en numerosas ocasiones significa mutilar su personalidad e impedirles desarrollar sus talentos.

3. Una buena biografía de Dirac, que describe bien su carácter descon-

certante, es la de G. Farmelo, *The Strangest Man. The Hidden Life of Paul Dirac,* Quantum Genius, Faber and Faber, Londres, 2009.

4. Un espacio de Hilbert.

5. Son los autovalores del operador asociado a la variable física en cuestión. La ecuación clave es, pues, la ecuación de los autovalores.

6. La «nube» que representa los puntos del espacio en los que es probable encontrar el electrón es un objeto matemático que se llama «función de onda». El físico austriaco Erwin Schrödinger ha formulado una ecuación que muestra cómo esta función de onda evoluciona con el tiempo. Schrödinger esperaba que la «onda» explicara las rarezas de la mecánica cuántica: las ondas, desde las del mar a las electromagnéticas, son algo que entendemos bastante bien. Todavía hoy hay quien trata de entender la mecánica cuántica pensando que la realidad es la onda de Schrödinger. Pero Heisenberg y Dirac enseguida ven que ese no es el camino. Pensar en la onda de Schrödinger como en algo real y darle demasiada importancia no ayuda a comprender la teoría, al contrario, crea más confusión. La función no está en el espacio físico, es un espacio abstracto formado por todas las posibles configuraciones del sistema, y esto hace que pierda todo su carácter intuitivo. Pero la razón principal por la cual la onda de Schrödinger no es una buena imagen consiste en el hecho de que, cuando el electrón choca contra algo, siempre está en un punto concreto, no se extiende en el espacio como una onda. Si pensamos que un electrón es una onda, nos hallamos en la dificultad de explicar cómo esa onda se concentra instantáneamente en un solo punto en cada choque. La onda de Schrödinger no es una representación útil de la realidad: es una herramienta de cálculo que nos permite predecir con mayor precisión dónde reaparecerá el electrón. La realidad del electrón no es una onda: es ese aparecer intermitentemente en las colisiones, como el hombre que aparecía en los conos de luz que vio el joven Heisenberg paseando meditabundo por la noche de Copenhague.

7. La ecuación de Dirac.

8. Esto es verdad en general como consecuencia de la mecánica cuántica y de la relatividad especial.

9. Hay un fenómeno que parece escapar al modelo estándar: la llamada materia oscura. Astrofísicos y cosmólogos observan en el universo efectos de materia que parece no ser el tipo de materia que el modelo estándar describe. Aún hay muchas cosas que no sabemos.

10. No debemos dar crédito a ciertas crónicas periodísticas que afirman que el bosón de Higgs es «la explicación de la masa de las partículas». Las partículas tienen masa porque la tienen, y el bosón de Higgs no dice nada sobre el origen de la masa. Es una cuestión técnica: el modelo estándar se basa en algunas simetrías que sólo parecían permitir partículas sin masa, pero Higgs descubrió que simetrías y masa son compatibles si la masa está presente de forma indirecta, a través de las interacciones con un campo que hoy llamamos, precisamente, campo de Higgs. Como todos los campos tienen sus partículas, el de Higgs debía de tener su correspondiente «partícula de Higgs», que se descubrió en 2013.

11. Una región finita del espacio de las fases, esto es, del espacio de los posibles estados de un sistema, consta de un número *infinito* de estados clásicos, pero corresponde *siempre* a un número *finito* de estados cuánticos ortogonales. Este número viene dado por el volumen de la región dividido por la constante de Planck elevada al número de los grados de libertad. Este resultado es completamente general.

12. Lucrecio, *De rerum natura*, op. cit., II, 218.

13. O «integral de Feynman». La probabilidad de ir de A a B es el módulo cuadrado de la integral de todos los caminos del exponencial de la acción clásica del camino multiplicada por la unidad imaginaria y dividida por la constante de Planck.

14. Para un tratamiento en profundidad de esta interpretación relacional de la mecánica cuántica, véanse «Relational quantum mechanics», en la (magnífica) enciclopedia en línea *The Stanford Encyclopedia of Philosophy*, http://plato.stanford.edu/archives/win2003/entries/rovelli/, y C. Rovelli, «Relational quantun mechanics», en *International Journal of Theoretical Physics,* 35, 1637, 1996, http://arxiv.org/abs/quant-ph/9609002.

15. La caja contiene un mecanismo que abre un instante el agujero de la derecha y deja salir un fotón en un momento preciso. Pesando la caja, se puede deducir la energía del fotón que ha salido. Einstein esperaba con esto poner en apuros a los defensores de la mecánica cuántica, según la cual el tiempo y la energía no pueden ser determinados a la vez. La respuesta correcta al experimento de Einstein, que Bohr no llegó a encontrar, pero que hoy conocemos, es que la posición del fotón que escapa y el peso de la caja siguen dependiendo uno de otro (están «correlacionados») aunque el fotón se aleje.

16. B. van Fraassen, «Rovelli's world», en *Foundations of Physics*, 40, 2010, págs. 390-417; M. Bitbol, *Physical Relations or Functional Relations? A Non-metaphysical Construal of Rovelli's Relational Quantum Mechanics*, Philosophy of Science Archives, 2007, http://philsci-archive.pitt.edu/3506/; M. Dorato, *Rovelli's Relational Quantum Mechanics, Monism and Quantum Becomig*, *Philosophy of Science Archives*, 2013, http://philsci-archive.pitt.edu/9964/ y *Che cos'è il tempo? Einstein, Gödel e l'esperienza comune*, Carocci, Roma, 2013.

5. El espacio-tiempo es cuántico

1. Es el famoso trabajo sobre la mensurabilidad de los campos de Niels Bohr y Léon Rosenfeld, «Det Kongelige Danske Videnskabernes Selskabs», en *Mathematiks-fysike Meddelelser*, 12, 1933.

2. La raya de la *h* de la constante de Planck no significa sino que la constante está dividida por 2π, una notación particular y más bien inútil de los físicos teóricos: la *h* con rayita queda más «elegante».

3. Véase M. Bronstein, «Quantentheorie schwacher Gravitationsfelder», en *Physikalische Zeitschrift der Sowjetunion,* 9, 1936, págs. 140-157; «Kvantovanie gravitatsionnykh voln», en *Pi'sma v Zhurnal Eksperimental'noi i Teoreticheskoi Fiziki*, 6, 1936, págs. 195-236.

4. Véase F. Gorelik y V. Frenkel, *Matvei Petrovich Bronstein and Soviet Theoretical Physics in the Thirties*, Birkhauser Verlag, Boston, 1994. Troski se apellidaba también «Bronstein».

5. Para oír esta metáfora directamente de sus labios, consúltese el sitio http://www.webofstories.com/play/9542?o=MS.

6. El episodio lo recuerda Bryce DeWitt en http://www.aip.org/history/ohilist/23199.html.

7. DeWitt sustituye derivadas con operadores de derivación en la ecuación de Hamilton-Jacobi de la relatividad general (formulada poco antes por Peres). Es decir, hace lo mismo que había hecho Schrödinger para formular su ecuación, en su primer trabajo: sustituir derivadas por operadores de derivación en la ecuación de Hamilton-Jacobi de una partícula.

8. La alternativa más conocida a la teoría de la gravedad cuántica de lazos es la teoría de cuerdas.

6. Cuantos de espacios

1. Así, los estados cuánticos de la gravedad se indican con $|j_l, v_n\rangle$, siendo n los nodos y l los enlaces del grafo.

2. ¡Imaginémonos qué montón de absurdidades no nos parecerían las ideas de Aristóteles o Platón si sólo dispusiéramos de comentarios escritos por otros y no pudiéramos captar la lucidez y la complejidad de los textos originales!

3. El número cuántico de los estados de los fotones en el espacio de Fock es el momento, la transformada de Fourier de la posición.

4. El operador asociado a la geometría del espacio granular es la holonomía de la conexión gravitatoria o, en términos físicos, un «lazo de Wilson» para la relatividad general.

5. El científico que más ha ahondado en la comprensión de esta geometría cuántica es italiano y trabaja en Marsella: Simone Speziale.

7. El tiempo no existe

1. «Ninguno siente el tiempo por sí mismo / libre de movimiento...» (I, 462-463).

2. El potencial gravitatorio.

3. Sobre todo si se emocionó...

4. Los primeros cálculos importantes de colisiones gravitacionales de partículas con técnicas de *spinfoam* los han hecho jóvenes científicos italianos como Emanuele Alesci, que hoy trabaja en Polonia, y como Claudio Perini y Elena Magliaro, obligados a abandonar la investigación teórica por la imposibilidad de acceder a un empleo fijo en la universidad italiana.

5. La primera ecuación define el espacio de Hilbert de la teoría. La segunda, el álgebra de los operadores. La tercera, la amplitud de transición en cada uno de los vértices, como el de la figura 7.4.

6. «Todas las distintas partículas elementales podrían reducirse a algún tipo de sustancia universal que podríamos llamar energía o materia, y no habría por qué preferir ni considerar más fundamental ninguna de las partículas. Este punto de vista se corresponde con la doctrina de Anaximandro y estoy convencido de que, en física moderna, es el punto

de vista correcto» (W. Heisenberg, *Fisica e filosofia*, Il Saggiatore, Milán, 1961).

7. W. Shakespeare, *A Midsummer Night's Dream*, V, 1 [trad. esp.: *El sueño de una noche de verano*, RBA, Barcelona, 2003].

8. Más allá del «big bang»

1. El discurso puede leerse en el sitio del Vaticano: http://www.vatican.va/holy_father/pius_xii/speeches/1951/documents/hf_p-xii_spe_19511122_di-serena_it.html#top.

2. Véase S. Singh, *Big Bang*, HarperCollins, Londres, 2010, pág. 362 [trad. esp.: *Big bang*, Ed. de Intervención Cultural, Barcelona, 2003].

9. ¿Confirmaciones empíricas?

1. Se trata de un interferómetro, que usa la frecuencia de los rayos láser que corren por los dos brazos para revelar mínimas variaciones de longitud de esos brazos.

12. Información

1. Un aspecto sutil: la información no mide lo que sé, sino el número de alternativas posibles. La información que me dice que ha salido el número 3 en la ruleta es $N = 37$, porque hay 37 números; pero la información que me dice que de los números rojos ha salido el 3 es $N = 18$, porque hay 18 números rojos. ¿Cuánta información tengo si sé cuál de los hermanos Karamazov ha matado al padre? La respuesta depende de cuántos hermanos Karamazov haya.

2. Boltzmann no usó el concepto de información, pero su trabajo puede interpretarse en este sentido.

3. La entropía es proporcional al logaritmo del volumen del espacio de las fases. La constante de proporcionalidad, k, es la constante de Boltzmann, que transforma la unidad de medida de la información, bits, en la unidad de medida de la entropía, julio por kelvin.

4. Que esté en una región finita del espacio de sus fases.

5. Para una discusión detallada de estos dos postulados, véase C. Rovelli, «Relational quantum mechanics», *op. cit.*

6. Se trata de lo que, impropiamente, se llama «colapso» de la función de onda.

7. Un estado estadístico de Boltzmann viene descrito por una función del espacio de fases que es el exponencial del hamiltoniano. El hamiltoniano es el generador de las transformaciones que hacen que el tiempo pase. En un sistema en el que el tiempo no está definido, el hamiltoniano no existe. Pero si tenemos un estado estadístico, basta con tomar su logaritmo y esto define un hamiltoniano y, por tanto, una noción de tiempo.

8. Cicerón, *Academica priora,* op. cit., II, 23, 73.

13. El misterio

1. Citado en Diógenes Laercio [trad. esp.: *Vidas y opiniones de los filósofos ilustres,* Alianza, Madrid, 2010].

2. Agustín de Hipona, *Confessiones*, XI, 12 [trad. esp.: *Las confesiones,* Tecnos, Madrid, 2009].

3. M. Luzi, «Dalla torre», en *Dal fondo delle campagne*, Einaudi, Turín, 1965, pág. 214 [trad. esp.: *Desde el fondo de los campos,* Godofredo Ortega Muñoz, Badajoz, 2010].

Índice onomástico

www.planetadelibros.com.mx